居家花艺知识丛书

# 盆景制作

徐帮学　等编

化学工业出版社
·北京·

本书主要介绍了盆景基本知识、盆景制作小常识、树桩盆景制作、树石盆景制作、山水盆景制作、果树盆景制作与赏析、观花盆景制作与赏析、设想新奇的另类盆景等知识。

本书通俗易懂，图文并茂，融知识性、实用性为一体，适合盆景设计制作企业员工、园林工作者阅读使用，也适合高等学校园林专业和环境艺术设计专业的学生、室内设计师、室内植物装饰爱好者及所有热爱生活的读者学习参考。

**图书在版编目（CIP）数据**

盆景制作/徐帮学等编. —北京：化学工业出版社，2018.3（2023.1重印）
（居家花艺知识丛书）
ISBN 978-7-122-31274-7

Ⅰ.①盆… Ⅱ.①徐… Ⅲ.①盆景-观赏园艺 Ⅳ.①S688.1

中国版本图书馆CIP数据核字（2017）第330456号

责任编辑：董　琳　　装帧设计：张　辉
责任校对：边　涛

出版发行：化学工业出版社（北京市东城区青年湖南街13号　邮政编码100011）
印　　装：天津盛通数码科技有限公司
787mm×1092mm　1/16　印张11½　字数281千字　2023年1月北京第1版第7次印刷

购书咨询：010-64518888　　售后服务：010-64518899
网　　址：http://www.cip.com.cn
凡购买本书，如有缺损质量问题，本社销售中心负责调换。

**定　　价：48.00元**

# 前言

随着人们生活水平的提高，人们对家居环境布置提出了更高的要求。居家养花是一种很好的修身养性、怡情娱乐、美化生活、装饰环境的艺术活动。时尚、自然、环保、健康成为时下人们对花卉绿植追求的理念。我国的花卉不仅资源丰富，许多花卉还具有一定的抑菌杀菌功能，有的花卉还可以吸收空气中的有毒物质，如月季、百合、石竹、吊兰、龟背竹、紫罗兰等，都有吸收空气中甲醛、氮氧化物及苯的衍生物等有害气体的作用，而且有的花卉还具有一定的食用价值和很高的药用功效，这些在我国传统医学书籍中都有着相关的记载。

花卉在我们的日常生活中十分常见，它们可以把我们的家装点成一个绿色、环保、健康的生活空间。各种适合家庭栽培的健康花卉、盆景绿植、水培花卉不仅会令您赏心悦目，更能让您的居住环境与家庭生活增添几分光彩与几分优雅。要想成为绿植花卉养护高手，就要充分了解各种花卉的形貌特征，从选取到栽培，从养护到摆放，对各种花艺必备知识了然于胸。由此，我们特组织编写了《居家花艺知识丛书》。

《居家花艺知识丛书》包括以下4个分册：《家庭养花》《盆景制作》《水培花卉》《插花设计》。本丛书图文并茂，既有家庭养花基本知识的介绍，又有水培花卉、盆景制作以及插花设计等知识的深入介绍。本丛书主要针对大众花卉爱好者及所有热爱生活的读者。丛书没有晦涩难懂的花卉学理论知识，书中介绍花卉绿植在居家布置与栽培方面的一些有用的常识，期待读者能够从阅读和参考中认识更多的花卉，了解更多的花卉知识，在享受大自然慷慨馈赠的同时，增添更多生活情趣。

本丛书在编写的过程中得到了许多同行、朋友的帮助，在此我们感谢为本丛书的编写付出辛勤劳动的各位编者。参与本丛书编写的人员如下：徐帮学、田勇、徐春华、侯红霞、袁飞、马枭、李楠、汪洋、罗振、刘佳、石晓娜、汤晨龙等。在本丛书编写过程中还得到宋学军、李刚、高汉明等的帮助，在此对他们的付出表示诚挚感谢！

由于编者水平有限，书中难免有疏漏与不妥之处，恳请相关专家或广大读者提出宝贵意见。

编者

2017年10月

# 目 录

# 第一章　盆景基本知识

盆景是中国优秀传统艺术之一，是以植物和山石为基本材料在盆内表现自然景观的艺术品。盆景源于中国，是由景、盆、几（架）三个要素组成的，它们之间形成相互联系，相互影响的统一整体。人们把盆景誉为“立体的画”或“无声的诗”。

## 第一节　认识盆景

盆景与盆栽是不同的，盆景是盆栽的进一步发展，它们的根本区别是：盆栽只是将植物种于盆中，目的是为了观赏，而盆景除了达到观赏目的之外，还必须通过精心的艺术造型，呈现不一般的美感。可以说，盆景里融入了人的情感，是自然美与艺术美的有机结合。

### 一、什么是盆景

盆景是通过对树木、山石等材料进行精心的培养与修饰，在盆中典型地反映自然景观的艺术品。典型地反映自然景观是指盆景中的树木、山石的造型及相互之间组合的造型，是人们通过艺术形象对自然的认识和理解，能典型、集中地反映自然的本质，融合了美学、文学和科学，是自然景观的再现。如图 1-1 所示是松树盆景园。

图 1-1　松树盆景园

盆景在我国有着悠久的历史，是我国传统的艺术珍品。盆景以植物、山石、土壤为素材，经过技术加工和处理以及长期的精心培育，在盆中集中展现大自然的美景，达到一种“以小见大”的艺术效果。小小的盆内，虽然就只是几株树木，几块山石，却能形神兼备地展现大自然的风貌，展现意趣和情感。所以，如果做不到胸有丘壑，腹有诗书，是难以通过盆景勾画出一幅富有诗情画意的自然美景的。如图 1-2 所示是盆景园一角。

图 1-2　盆景园一角

## 二、追溯渊源话盆景

中国盆景有着悠久的发展史，可以追溯到汉代以前。中国浙江省余姚地区河姆渡遗址的第四文化层中，曾出土两块刻有盆栽万年青状植物图案的陶器残块，其中一长方形花盆上还刻有小圆形装饰图案。

东汉时期，人们就已经将自然美景移入盆中，放在室内作观赏之用，开始出现了以植物、盆钵、几架三位一体的盆栽整体艺术形象，如图 1-3 所示是东汉墓壁画上的盆景。考古发现，在河北省望都的东汉墓道壁画上，绘有一陶质卷沿圆盆，盆内栽有六枝红花，盆下有一方形架座。考古发现的汉代陶砚以及汉晋时期流行的“博山炉”中出现了模拟仙山神水的景观，可看作中国山水盆景的起源。

魏晋南北朝时期追求隐逸，自然美景成了寄托。山水画、山水诗、山水园林也随之而起，从而促进了以抒发自然情趣为主题的盆景艺术的发展。盆景模仿山林景象成为人们十分喜爱的方式。这种“咫尺千里”“小中见大”的表现技法，对盆景的形成产生了深远的影响。

唐代社会经济越来越繁荣，文化艺术也随之发展。受魏晋南北朝的山水诗、山水画、写意山水园林的熏陶，人们开始赋予盆景以意境之感，山水盆景和树桩盆景应运而生，并有以盆景作礼物馈赠亲友的记载。唐代出现了众多的关于盆景、盆池的诗咏，如大诗人杜甫、韩愈、白居易、李贺、陆龟蒙等均有盆景诗作。

宋代盆景在形式和内容上均达到了较高的艺术水准，对盆景的布局、画意的安顿、诗情的灌注以及对石材、植物的研究逐步深入，而意境的创造则更具匠心。北宋大文豪苏轼在《格物粗谈》中提到："芭蕉初发分种，以油簪横穿其根二眼，则不长大，可作盆景。"这是盆景作为专门名称最早的文字记载。宋代绘画《十八学士图》(图 1-4) 四轴之二幅中均画有松树盆景。

图 1-3　东汉墓壁画上的盆景

图 1-4　《十八学士图》中的盆景

元代盆景制作趋向小型，人们热衷于把大自然的美妙景色，精缩为盆盎之中的微观景象，供人玩赏，并称为"些子景"(些子即细小之意)。元代画家李士行所绘的《偃松图》，为一附石曲干式松树盆景，四方盆中，苍劲古雅之松如倦鹤之回翔，露根悬爪，倚石而出，而枝片顶端之枯枝，形似舍利之干，整个作品给人以强烈的艺术感染力。

明代盆景大多根据画理构思、剪裁，使其姿态隽妙、形式自然，同时注重景与盆的搭配，对丛林、双干、多干盆景的布局及配石、蟠扎技法等都有一定的研究。陈继儒的《太平清话》、高濂的《遵生八笺》、王鸣韶的《嘉定三艺人传》等，都有关于盆景制作技艺的记载。

到了清代，盆景形式取材丰富多样，注重盆景的取材、造型、养护等，不仅对盆景植物进行分类，还对盆景的景物进行点缀。对于盆景的制作和取景，康熙年间陈淏子的《花镜》以及李斗的《扬州画舫录》都有较为详细的记载。郑板桥的《盆梅》形象地展示了当时梅花盆景的艺术魅力。

新中国成立后，培养了一大批盆景专门人才，还举办了各种盆景展览。通过各种盆景画册和书籍以及盆景技艺和学术交流将中国盆景推向了世界。

## 三、盆景有什么价值

新中国成立后，尤其是改革开放以来，人们的生活水平得到了提高，解决了温饱问题，人们开始关注丰富的精神生活，因此，古老的盆景艺术又走进了人们的生活，进入了高速发展时期。那么，盆景都有哪些价值呢？

### 1. 陶冶生活

盆景是自然美景的浓缩，欣赏盆景是一种美的享受，在有限的空间之内就可以观赏到旷野林木的自然风貌，令人心旷神怡，既陶冶情操，又能增进艺术修养。如图 1-5 所示为盆景走廊。

图 1-5　盆景走廊

### 2. 振奋人们的精神，激发人们的爱国主义热情

当观赏到刚劲挺拔、体态矫健的松柏和傲雪凌霜的铁骨寒梅时，不由得都会被其坚贞高洁的艺术形象所鼓舞；当看到突兀峥嵘的桂林山水和千姿百态的黄山奇峰时，人们都会激发出热爱祖国、慨叹祖国瑰丽山水的民族自豪感。

### 3. 普及科学知识

盆景制作涉及非常广泛的知识，包括植物分类知识、山石种类识别以及古代诗词、绘画、历史、雕塑等各个方面的知识。所以，盆景虽小学问却大，在科普中起的作用也很大。

### 4. 经济价值

盆景还具有较高经济价值。近年来，我国许多地区都建立了盆景生产基地，增加了盆景的数量，提高了盆景的质量，不但满足盆景爱好者的需求，还远销东南亚、日本、澳大利亚、西欧及北美各国等地。

### 5. 促进国际交流

作为我国传统的园林艺术的一个分支，盆景以独特的艺术魅力向世界展示了中华民族的悠久历史和灿烂的文化底蕴。我国的盆景艺术已经得到了越来越多的外国朋友的青睐，并多

次在世界盆景文化艺术交流的过程中获奖，为祖国赢得了荣誉。在国际交往中，盆景还可以作为馈赠礼品，对增进中国人民同世界各国人民的友谊，起着十分积极的作用。

盆景对发展旅游事业也起到了促进作用。目前不少城市公园及风景名胜区开辟了专门的盆景园，陈设各种盆景艺术精品，吸引了大批国内外游客前往观赏，极大地促进了旅游事业的发展。

## 四、盆景是如何分类的

中国盆景在其发展过程中，形成了许多艺术流派。由于我国地域广大，制作盆景的材料丰富，再加上各个流派都有独特的风格和加工技艺，所以我国的盆景种类和形式都非常多，目前尚未形成一个统一的分类标准。现有的分类方法如下。

### 1. 一级分类法

这是新中国成立初期提出的简单分类法。

### 2. 二级分类法

20 世纪 70 年代后期，盆景先分为树桩盆景和山水盆景两大类，再根据盆景式样分为若干式，即“类—式”或“型—式”二级分类法。

### 3. 三级分类法

三级分类法将盆景分为树桩盆景和山水盆景两大类，再分为五型：规则型、自然型、水盆型、旱盆型和水旱型，然后分为若干式，即“类—型—式”三级分类法。

### 4. 规格分类法

根据盆景规格大小可将盆景分为：特大型盆景（＞150cm）、大型盆景（81～150cm）、中型盆景（41～80cm）、小型盆景（10～40cm）和微型盆景（＜10cm）。

### 5. 彭春生系统分类法

在系统整理各分类的基础上以及现阶段中国盆景发展的实际情况，彭春生教授提出了“类—亚类—型—亚型—式—号”六级分类，被称为彭春生系统分类法。彭春生系统分类法将中国盆景分为 3 类、若干亚类、5 型、7 个亚型、若干式、5 个号。其分类标准如下。

（1）类　依据取材内容将盆景分为树木类（桩景类）、山石类、树石类 3 类。

（2）亚类　依据观赏特性将树木类（桩景类）分为松柏亚类、杂木亚类、观花亚类、观叶亚类。依据石质将山石类分为硬石亚类、软石亚类。树石类也可以分为硬石亚类、软石亚类。

（3）型　在分类的基础上，依据造型把树木盆景类分为自然型和规则型；又依据造景不同将山石类划分为旱景型、水景型、水旱景型。而树石类属于过渡类型，有时偏向于树木类，有时偏向于山石类，视其特点可参考树木类或山石类分型。

（4）亚型　根据树木盆景的根、干、枝的造型变化，将自然型树木盆景分为 3 个亚型，即干变亚型、根变亚型、枝变亚型；将规则型树木盆景分为 2 个亚型，即干变亚型、枝变亚型。山石类盆景根据山峰数量、形状将水景型划分为2个亚型，即峰形亚型、峰数亚型。

（5）式　根据树木形态、数目和山石盆景布局不同再将各型及亚型分成若干式。

（6）号　所有各式又根据规格的大小将其分为特大号、大号、中号、小号和微型5个号。

## 第二节　盆景艺术赏析

盆景是以植物、山石、土、水等为材料，经过艺术创作和园艺栽培，在盆中典型、集中地塑造大自然的优美景色，达到小中见大的艺术效果，同时以景抒怀，表现深远的意境，犹如立体的缩小版山水风景区。

### 一、盆景艺术的主要特点

#### 1. 盆景艺术的世界性

盆景是我国造园艺术中的瑰宝，目前已成为一种世界性艺术。美国、德国、意大利以及泰国等许多国家均掀起了一股盆景热，特别是老年人和家庭主妇尤为喜好。

#### 2. 盆景艺术的边缘性

盆景如同其他边缘学科一样，叫做边缘艺术。盆景艺术涉及多种艺术，归纳起来有以下几种。

（1）绘画艺术　盆景创作与欣赏都有绘画理论的参与。

（2）雕塑艺术　特别是软石山水盆景的创作实际上是雕塑艺术。

（3）陶瓷艺术　盆景用的盆钵、配件都属于陶瓷艺术。

（4）园林艺术　盆景属于园林艺术的一部分，划入园林的范畴。

（5）文学艺术　盆景的立意和命名，都与诗词、典故有着密切的关系。

（6）根雕艺术　盆景几架中一部分属于根雕艺术。

（7）书法艺术　盆景展览陈设时总有书法艺术的相伴。

#### 3. 构图的复杂性

盆景是空间艺术的“立体的画”，还要兼顾不同视野、视距的变化。不论苏派、扬派、川派、浙派、海派、徽派，还是岭南派，都特别注重立体空间构图，兼顾仰视、俯视、平视、正视以及侧视的观赏效果。如图1-6所示是盆景的不同构图。

#### 4. 表现技巧的高度概括性

盆景艺术的艺术原理相同于园林艺术，但它是比一般园林小得多的微型景观，只能在很有限的小小盆钵中作文章，不能像园林那样，以大地为纸作画，因此倘无高度的概括性是不能达到的。

图 1-6　盆景的不同构图

**5. 艺术风格的多样性**

虽说盆景创作运用“小中见大”的手法表现大自然的美景，但是由于地域不同，盆景素材不同，风土人情及生活习俗不同，再加上作者的文化素养和性格差异，形成了多样的艺术风格。

**6. 浓厚的趣味性**

边缘艺术、高等艺术也赋予了人们高级的欣赏趣味。盆景是自然景色的升华，是诗情画意的再现，它给人们的美感既是自然的，又包含艺术性，充满着魅力，有着浓厚的趣味性。

另外，盆景还有科学性及历史悠久性等特点。

## 二、盆景的形式美

**1. 统一与变化**

盆景艺术应用统一变化的原则是统一中求变化。所谓统一是指盆景中的组成部分，即它的形状、体量、色彩、线条、姿态、皴纹、形式、风格等，在一定程度上形成同一性、相似性或一致性，给人以和谐的整体感。将最繁杂的变化转化为最高度的统一，形成一个和谐的整体，才能算是最成功的盆景艺术品。

变化是指统一中求变化。以《八骏图》（图 1-7）为例，其中所用树种虽然都是六月雪，但有高低、粗细、大小、直斜、疏密变化；石料也有大小、位置的变化；八匹马的姿态也不一样，有站、行、仰头、卧等不同的姿态，给人一种生机盎然、生动活泼的感觉。

**2. 均衡与动势**

均衡中求动势，动势中求均衡，即静中有动、动中有静。均衡包括规则的均衡和不规则的均衡。在大多数情况下，盆景的均衡形式多采用不规则的均衡形式，因为看上去显得更自然、生动、活泼。山水盆景中的偏重式、开合式属于典型的不规则均衡形式。树桩盆景中，

图 1-7 《八骏图》盆景

如很多丛林式，也是不规则均衡的代表作。在不规则均衡形式中，虽不存在一条由树干组成的中轴线，但在人们的审美经验中，在审美主体的观念中总有这样一条虚构的中轴线存在。在盆景设计中构成均衡的一些常用手法有：用配件构成均衡，如在树木或山石的另一边放一件动物或人物配件；用盆钵与景物构成均衡；用树木姿态形成均衡；综合均衡等。

均衡的对立面是不均衡，是动势感。盆景也很讲究动律，以求得生动、活泼。求得动势感的方法有：对称物双方体量强烈对比；用树势求得动律；配以水面；从山石走向、纹理中求得；配以动物、人物的行动等。中国画论中说“山本静，水流则动；石本顽，树活则灵”，讲的就静中求动的道理。

### 3. 对比与调和

对比与调和也是盆景中常用的原则之一。盆景艺术中可以从许多方面形成对比，如虚与实、明与暗、高与低、大与小、重与轻、粗与细、起与伏、动与静、刚与柔、主与宾、疏与密、曲与直、正与斜、藏与露、巧与拙、开与合等。对比的作用是为了突出某一点，使更加引人注目，如图 1-8 所示是对比式山水盆景。现代山水盆景的盆钵变得很薄，通过盆钵横线的强烈对比，从而使景物（山峰）变得更高耸，把景物突出出来。

图 1-8 对比式山水盆景

对比调和用得很多，如刚柔相济，虚中有实，实中有虚，藏中有露，露中有藏，还有疏密得当，巧拙互用，粗细结合等，讲的都是对比调和，或者说是一分为二与合二而一的辩证统一。

### 4. 比例与夸张

盆景的比例是指其中景物与盆钵、几架在体形上的关系。其中包括景物本身的比例，又包含景物之间、个体与整体间的比例关系，这种关系是合乎逻辑的、必要的关系。如微型盆景，由于景物微小，要配以微小盆钵和具有许多小格子的博古架，使人感到亲切适宜。大型盆景如《万里长江图》《八百里漓江图》，其中山石或朽木的体量和数量，就要相对大和多，才能把长江的雄伟、壮观和漓江的秀丽表现出来。因此，盆景制作中的比例关系应该认真推敲。如图 1-9 所示为假山造型。

图 1-9　假山造型

盆景创作中为了表现某一特定的意境或主题，常常打破常规比例，采用夸张的手法，这种现象在树木盆景中常见。

### 5. 韵律与交错

韵律是观赏艺术中任何物体构成部分有规律重复的一种属性，例如：一片片叶子、一条条叶脉、一朵朵花朵、一个个枝片、一株株树木、一层层山峰、一条条刚劲有力的斧劈皴、一横横重重叠叠的折带皴、一片片水面，还有开合的重复、虚实的重复、明暗的重复等。一件盆景的主要艺术效果是靠协调、简洁以及这些韵律的作用而获得的，而且盆景中这种自然式中表现的韵律，使人在不知不觉中得到体会，受到艺术感染。因为在盆景艺术中，一种强烈的韵律表现，将增加人的感受强度，而且每一种可感知因素的重复出现，都会增加对形式的丰富性方面的感受。

山水盆景中透、漏、瘦、皴的山石所以给人以一种含蓄的强烈的韵律感，就是因为上边充满了曲线，而且反复交错在一起，这样，许多螺旋形线在形式上最富有韵律感，“寸枝三弯”就是这种道理。盆景中的植物配置和山石布局，既有交替韵律，又有形状韵律，还有色彩的季相韵律，加之植物本身叶片、叶脉、缘齿、花瓣、雄蕊、枝条、枝片的重复出现也是一种协调的韵律，使得盆景景物如同一曲交响乐在演奏，韵律感十分丰富和强烈，耐人寻味。

## 三、盆景的空间美

盆景艺术是一种空间视觉艺术，盆景是有体积感并可触摸得到的立体实物，只要盆内放置山石就会在画面中形成空间关系，山石的姿态造型、位置布局会使空间发生变化，空间也会制约盆内实物的大小、多少、姿势等关系。盆的空间有限，在盆内小空间中表现宽广的意境实在是件不易之事。当山石放入盆内就和盆边直接发生了空间关系，只有在特定的空间中才能发挥作品的艺术感染力，才能互为融洽，产生好的空间效果。而对于盆面以上的空间往往不易把握，它同样会制约整个画面效果，所以山石的高矮肥瘦、数量多寡、与盆与景的关系究竟怎样才能产生理想的艺术效果及合适的比例关系，这更难把握。以 1∶3 长方盆为例，近景主峰高度在盆宽的 2 倍左右为佳；如是远山，高度应为盆长的 1/10 以下，还要根据石料具体情况及构图做最后定夺。如图 1-10 所示为能美化室内空间的盆景。

图 1-10　能美化室内空间的盆景

同一作品如配上不同的盆会出现不同的空间效果，而相同的盆放入不同造型、体量的山石也会出现空间美感的差异，有时甚至山石、小礁在盆内位置的微小变化都会形成不同的空间效果。合理的布局、合适的体量会使空间感增强，一切不合理的安排都会损害画面效果。如失控的体量、过分夸张的姿态、不合理的布局，以及对称、圆滑、失重、臃肿、单薄、散漫、少层次等都是破坏空间效果的因素。

利用盆内极有限的空间布局设景，使空间变得更大，除了使用巧妙布局手法外，山石"小、矮、瘦、少"等也有助空间变大。但山石的小要成比例，要与空间协调，强求主体的小去迎合空间的大反而会破坏盆景的美感。山石体态的大小在盆景构图中不可低估，大不行、小也不可，唯有合适大小才能产生合理而舒适的空间关系，显示出构图的美。另外盆内前后距离有限，应尽可能做到"近大远小"，才能使景观开阔。对于材料原来就矮小的山石很难在盆内展示出它的"高大"，只有在布局时将视线降低、放远才会显示出来，这当然少不了布局的巧妙、用盆的合理、石材的恰当。因此"小、少"是相对的，若穿插高大、成比例的山石则更能取得理想效果。

布局中采用藏景手法也可增强作品的空间感，产生广度与深度，加上虚与实存在的空间分隔可增加空间变化。构图中利用好透视比例关系，可以增强山石层次体积感，这也能增强

盆内空间感。

根据绘画理论，空间分正、反空间，盆内无石时称“反空间”，盆内放上石所占的空间称“正空间”（包括立面上的空间）。正反两个空间的变化成为盆景构图中“虚”与“实”的变化，处理得当会使画面境界更高、气势更壮观。因此创作研究盆景时不能单纯停留在有形有物处，还要注意无形无物处，有形有物处固然是重点观赏范围，而无形无物处则是语言之外的奥妙所在，绝不可小视。每一盆作品必须有合理的空间表现，千万不要将身边可取之石随意放入，也不要简单认为山石体量越大越好、排列越密越好。盆内山石拥挤、过多会使观赏者胸闷心烦，因此必须留出大小不同空间以供透气，虚处不是无物可赏而是有伏笔所在。有了好的空间变化、主次从属，作品才能令人回味、富有节奏，显得活泼疏朗。

## 四、盆景的陈设与欣赏

盆景自古以来就是室内陈设和庭院布置的高档艺术品，放之室内能使四壁生辉，置之庭园则为环境增色。但首先应考虑的是其观赏效果，其次是与环境的和谐统一。

（1）盆景陈设（图 1-11）应注意盆景布置的高度。盆景有“一景二盆三几架”之说。盆钵作为栽植用具和构图范围既具实用性，又更富艺术性。而几架的配置，除了提高盆景的观赏价值之外，更可调节人们欣赏盆景时的视觉感受。盆景放置的高低，一般以平视为宜，略低则给人以浩渺辽阔之感，反之则有巍峨高耸之势。盆景宜近观，所以必须将它置于一定的视距之内，视距的长短以人们能清晰地欣赏到盆景的全貌为宜。

（2）在盆景的陈设中，应充分注意到背景的处理，一般以淡雅简洁为主，切忌喧宾夺主。在盆景的空白处，若用淡雅的字画作背景衬托、补壁，则更富诗情画意，并可产生相得益彰的观赏效果。

（3）应考虑到各盆景之间的搭配以及盆景和环境之间的相互协调、衬托。盆景的陈设在确定了基本高度和观赏游览线后，在立面上应有高低、起伏；平面上应有错落、参差，讲究盆景的大小搭配，几、案、架、墩的巧妙配合，提高盆景的艺术效果（图 1-12）。

盆景作品的欣赏重在以形写神，以形传神，做到形神兼备，景有尽而意无穷。盆景作品有了情与景的交融，自然也就有了生命力，正所谓“一切景语，皆情语”。同时，盆景艺术是技与艺的完美结合，通过剪扎、雕琢、养护等技术来保持自身的艺术感染力。

## 五、如何鉴赏盆景

鉴赏盆景要通过观、品、悟过程，鉴赏形象美。同时，鉴赏通过形象表现出来的境界和情调，诱发欣赏者思想的共鸣，进入作品境界的意境美，以达到艺术美的享受。

（1）观　首先鉴赏盆景形象美，观察该作品属哪种类型，是观叶类、观花类，还是观果类；用的是什么树种，其树种根、茎、叶、花、果形态和色彩是否美观，是否富于变化；其树种是否易于造型；再鉴赏该作品造型是否立意在先，依题选材，形随意定；该作品经艺术处理是否“不露做手，多有态若天生”；然后再鉴赏该作品经精心培养，是否生长健壮，无病虫害。

树木盆景的自然美包括根、干、叶、花果和整体的姿态美，以及随着季节变化的色彩美。

图 1-11　盆景的陈设美

图 1-12　盆景布局美

（2）品　品赏则是鉴赏者根据自己的生活经验、文化素养、思想感情等，运用联想、想象、移情、思维等心理活动，去扩充、丰富作品景象的过程，是一种再创性审美活动。但鉴赏者必须建立在理解作者创作意图的基础上才能进行再创性审美活动。

盆景是通过造型来表现自然、反映社会生活、表达作者思想感情的艺术品。鉴赏作品造型是否“依自然天趣，创自然情趣，又还其自然天趣”成为品赏主体的内容。特别是通过品赏作品造型表现出来的境界和情调，诱发鉴赏者思想共鸣，使鉴赏者联想、移情（图1-13）。

图1-13　奇石盆景

（3）悟　鉴赏盆景之“观”，是以盆景为主；鉴赏盆景之“品”，是以鉴赏者为主。鉴赏盆景的最高境界则是鉴赏者从梦境般的神游中领悟，探求哲学思考，以获得深层理性把握。

在创作盆景时，往往注重“景在盆内，神溢盆外”，在鉴赏形象美的同时，应从小空间进到大空间，突破有限，通向无限，从而产生一种富有哲理的感受和领悟，使鉴赏达到盆景艺术所追求的最高境界。

# 第二章　盆景制作小常识

盆景具有观赏和美化环境的双重价值，占客厅或者办公室的地方小，而且其造型还会给人一种心情爽朗的感觉。本章重点介绍盆景制作需要掌握的基础知识。

## 第一节　盆景制作入门常识

盆景是一门视觉艺术，同时也是一门立体的造型艺术，植物的修剪、蟠扎、栽种养护，山石的截锯、雕琢、组合造型，都需要丰富的专业知识和文化素养，还需要高超、精湛的造型技能。借助于适用的工具及辅助材料，就能得心应手，使创意得以实现，创作出意境深远的艺术品。

### 一、盆景制作应遵守的原则

在盆景制作的过程中，就应遵循一定的艺术原则。只有根据这些原则进行创作盆景，才能使盆景具有无穷的艺术魅力。一般地说，盆景制作应主要遵循以下原则。

**1. 师法自然**

无论是树桩盆景（图 2-1）还是山水盆景（图 2-2）都是名山大川、奇石古木的艺术概括和艺术再现。学习自然、师法自然，是收集素材的一项重要工作，是创作的前提。历代诗人、画家、艺术工作者对大自然都无限讴歌、崇拜，从大自然吸取营养，丰富自己的创作。盆景工作者更应不辞辛劳，跋山涉水，对山水树木进行深入研究，抓住特点，掌握规律。

盆景的创作必须对自然山水、参天老树做仔细观察、研究，认真进行精心设计，通过取舍、渲染、夸张的艺术加工，才能集中、更典型地再现自然。在盆景的创作中，要做到形神兼备，首先要对所表现的对象有充分的认识，在选择表现对象时，应作适当概括和取舍。盆景的艺术加工是要将大自然的景物“缩龙成寸”，达到“一峰则太华千寻，一勺则江湖万里”的艺术造诣。盆景加工制作必须要因材施艺，对于植物、山石等，要充分利用其固有的形态来表现出自然的神韵。在布局选型中，须灵活运用形与神的关系，达到形象的完美，构成深远的意境，激发观赏者情感，产生联想，引起共鸣。

图 2-1 树桩盆景

图 2-2 山水盆景

**2. 立意布局**

所谓“立意”，就是在创作之前，创作者根据所获得的树桩、山石等材料的形态特征与材料本身的特点，结合自身的艺术修养，对作品做出总的艺术构思。这个思维过程包括对作品外观形态、大小、技法的利用和配套盆钵以及作品的意境创造等方面的设计。立意是着重处理作品的“神”，构图则着重处理作品的“形”。二者是辩证的统一，既有区别又紧密相连。在进行立意构图的同时，要处理好二者的关系，才能得到立意新颖、构图优美、独具魅力的作品。

立意确定后，便可进行布局。布局就是布置安顿各盆景中的景物或按照立意对树桩等材料进行修剪，即造型。无论表现何种主题，盆景比园林更加强调小中见大的艺术效果。这种效果越好，盆景的艺术价值就越高。

**3. 主次得当**

主次又称“主从”“主客”等，是形式美的重要法则之一。在任何艺术作品中，各组成部分之间的关系都不可能同等，必然有主次之分。在盆景的创作中也要突出主体和客体，因

此要宾主分明、疏密有致、参差不齐。如群峰式山水盆景（图 2-3），主山和客山在高度与体量上，应相差悬殊一些，才能收到众星拱月的效果。对于孤峰式山水盆景，不能只出现主体而无客体，可通过增加其他小品衬托主景。树桩盆景的主树造型，不仅姿态要高于客树，而且高度和形体也要高大于客树，才能使主景突出；即使孤树盆景，仍然是有主次之分的，如树木的主干与侧枝之别。这些盆景作品中的主体和客体还可以通过观赏者的想象去感受和补充。

图 2-3　群峰式山水盆景

**4. 疏密得当**

在树木盆景造型中，枝干的去留、枝片之间的距离，也应有疏有密，不能等距离布局，否则会显得呆板。山水盆景造型中，峰峦之间应有疏有密，疏密得当。在水旱盆景造型中，主景组树木不但要高，而且要密，客景组树木不但要矮，而且要疏。

除以上主要原则以外，盆景制作还有“以小见大”“虚实相宜”“欲露先藏”“静中有动”等特点。切记制作盆景时不要把造型原则当作框框，束缚手脚，而要灵活掌握，富于创造。

## 二、熟悉盆景制作工具

不管是制作树木盆景，还是山水盆景，都离不开必要的制作工具。

**1. 树木盆景制作工具**

(1) 枝剪　用于修剪不需要的树枝和树根。

(2) 剪子　用于修剪较细的根须和小枝叶等。

(3) 鸳鸯锄　用于野外采集树桩。

(4) 手锯　用于锯截树木主干和较粗壮的枝条和根。

(5) 榔头　用于修理工具和敲打配石。

(6) 手钳　用于缠绕铁丝和截断铁丝。

(7) 刀子　用于雕刻树干，使之受伤后形成树瘤、树疤，从而形成自然界中老树之貌。

(8) 凿子　用法与刀相同。

除上述工具以外，制作树木盆景的工具还有小铲、起子、水壶、喷雾壶、喷雾器、水桶等。

### 2. 山水盆景制作工具

（1）工作台　用水泥预制或小木料制成，要求平稳并能旋转，以便从各个角度观察、加工。

（2）切石机　切割硬质石料。

（3）凿子　用以凿出山石的大致轮廓，挖凿细小的洞和纹理，尤其是一些较深的洞。凿子有大小不同型号，以对不同规格石料加工。

（4）特制小锤　即小山子，一头呈尖嘴，另一头呈斧刃状，用来细凿沟壑、敲琢峰峦的皱纹。

（5）刻刀　有平口、圆口、斜口等不同型号，以适宜铲、挖、雕的不同需要，用于加工雕琢疏松的石料和细小的纹理，以及洞穴和精巧的配景等。

（6）锉刀（图 2-4）：有圆形、方形，有大小不同的型号，用于锉石料。

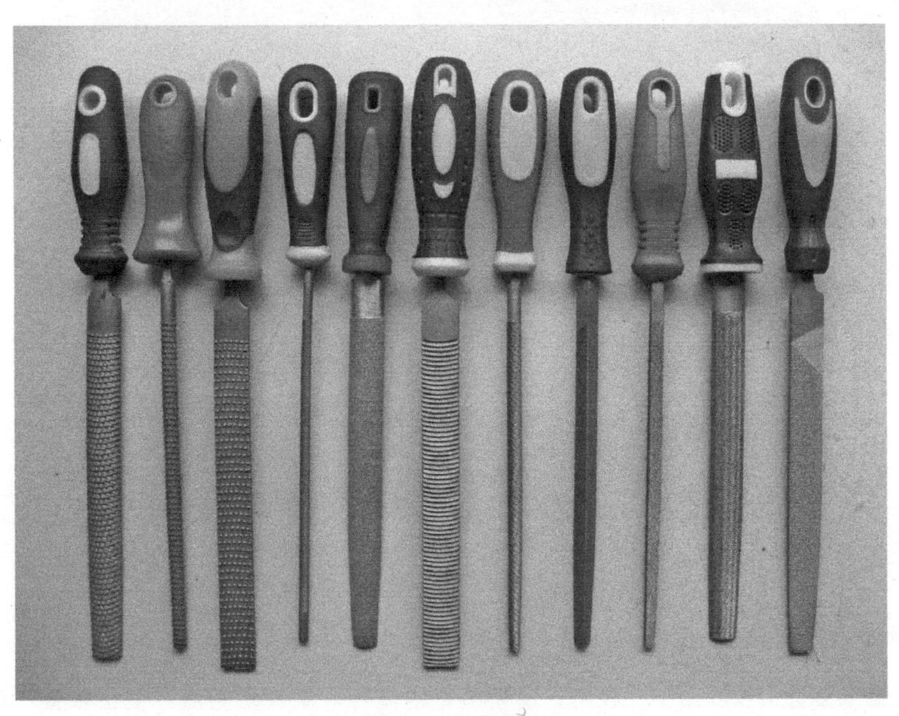

图 2-4　各种锉刀

（7）钢丝刷　盆景雕琢后用钢丝适度擦刷，使之自然。

（8）铁锤　一头为平头，铁锤和凿子共用，用以敲打凿子进行整形。

（9）钢锯　用来截锯分劈石料，锯平石料底部，以利于山体的平稳安放。

## 三、如何选择盆景植物材料

大多数盆景都需要植物的点缀才能表现出生机勃勃，绿意盎然。我们在选择盆景植物时，需要注意以下方面。

**1. 盆景植物材料来源**

盆景植物主要来源于两个方面，即山野树坯的采掘和树苗的培植。

（1）山野树坯的采掘　因对盆景树木的要求以苍古朴拙为主，一般都要选用树龄长、形态优美、在山野自然中采掘的野生坯料来进行加工，如图 2-5 所示为雀梅树坯。但是采掘山野树坯会破坏生态环境，大规模掠夺式采挖会毁灭种质资源，不利于可持续发展。野外采选的自然矮化树桩常因不适应环境和底土的改变而栽培失败，得不偿失。

（2）树苗的培植　发展盆景苗圃生产、进行树苗培植，使盆景生产走上规格化、专业化和规模化的可持续发展道路，有利于环保和环境美化。

图 2-5　雀梅树坯

**2. 树种选择标准**

制作盆景多选用枝叶细小、枝密，易繁殖，耐修剪，盆栽易成活，生长缓慢，寿命长，树型、根干美丽奇特的树种，兼有艳丽花果者尤佳。目前用作树木盆景的树种约有 160 种。

**3. 树体结构**

（1）合乎自然　必须完全以自然树木景象为依据，再做必要的取舍。在整姿技法上，一般以修剪为主，蟠扎为辅。任何明显的人工痕迹和过度的变形均不适宜，如图 2-6 所示为树木盆景。

（2）具有大树形态　树形不宜太奇特，通常多为直干式、斜干式和临水式。悬崖式、曲干式（指树干弯曲程度较大）等树形均不适宜。

（3）根系成熟　最好选用经过一段时间浅盆培养的树木，这样既保证有成熟的根系，又

图 2-6　树木盆景

保证无向下生长的粗根。主树露出土面的根系向四面铺开，其余树木最好也有露出土面的根系。

（4）协调与变化　一件盆景作品中的树木须以同一种树形为主，即保证树形的协调，但协调中还要求有变化。如以直干树木为主成丛林式，不妨在其中夹杂一两株斜干树或干形稍有弯曲的树，这样可以增添自然情趣。不同树种的合栽，须以其中一个树种为主，其他树种为辅，不可平均处理，同时要尽量注意格调的统一。

（5）与其他景物配合　在选材的时候，并不要求树木的各个部分都很完整，而只要求树木与其他景物能有机地结合，达到理想的效果。

### 4. 盆景植物的分类

国内对盆景植物分类的方法有 2 种：系统分类法和混合分类法。系统分类法是按植物进化系统分类的，可由低级到高级进行分类。混合分类法是将盆景树木性状和观赏特性结合起来进行综合分类的方法，这种分类法使用起来较方便，可以把植物分为以下几类。

（1）松柏类　五针松、地柏、刺柏、真柏、线柏、云杉、水杉、落羽杉、金钱松、小叶罗汉松、紫杉等。

（2）杂木类　九里香、福建茶、榔榆、榉树小叶女贞、黄杨、雀梅、朴树、榕树等。

（3）观叶类　三角枫、红枫、鸡爪槭、银杏、柽柳、凤尾竹等。

（4）观花类　六月雪、贴梗海棠、杜鹃、紫薇、梅花等。

（5）观果类　老鸦柿、石榴金弹子、火棘等。

## 四、如何选择盆器

盆器又叫盆盎，是盆景的容器，一般分为桩景盆和山水盆两大类。桩景盆的底部有排水孔，山水盆无排水孔。盆器按制作材料又分为紫砂盆、釉陶盆、瓷盆、凿石盆、云盆、水泥盆、瓦盆、竹木盆、塑料盆等，其形状各异。

（1）紫砂盆（图2-7） 产于江苏宜兴，质细、坚硬、古朴、透性好，有五六百个品种，多用于桩景制作。紫砂盆质地细密而坚韧，并有肉眼看不到的气孔，既不渗漏又有一定的透气吸水性能，十分适宜植物生长发育。

图2-7 紫砂盆

（2）釉陶盆（图2-8） 是将可塑性好的黏土先制成陶胎，在表面涂上低温釉彩，再入窑经900～1200℃的高温烧制而成的。釉陶盆大多数质地比较疏松，若栽种花木用，则应选内壁和底部无釉彩的，并在底部留排水孔，以利透气、吸水。若作山水盆景用，则可选四周及内壁均涂以釉彩的，底部也可不留排水孔。釉陶盆多用于植物盆景。浅口、底部无孔的釉陶盆是山水盆景用盆。

图2-8 釉陶盆

（3）瓷盆（图 2-9）　由精选的高岭土，在 1300～1400℃的高温下烧制而成。盆质细腻、坚硬、美观，缺点是不透气、不透水，一般不用来直接栽种，多作套盆之用。瓷盆色彩艳丽，并有釉上彩与釉下彩之分。瓷盆上绘有各种图案或题诗词等。

图 2-9　瓷盆

（4）凿石盆　产于云南、山东、河北。用大理石、花岗石雕凿而成，高雅，多用于山水景制作。

（5）云盆　产于广西桂林等地，为天然石盆，富于自然美，用于桩景。

（6）水泥盆　先做盆形内模，水泥、砂、长石粉比例为 1∶3∶1；内部加钢筋，廉价实用，多用于大型山水盆景的制作。

（7）泥瓦盆　各地均产，粗糙，透性极好，适用于养坯。

（8）竹木盆　产于江西等地，朴素自然。

（9）塑料盆　（图 2-10）　色彩多样，形状各异，华丽，不透水，易老化，宜作桩景盆。用塑料仿制山水石盆，物美价廉，颇受欢迎。

图 2-10　塑料盆

## 五、如何选择盆景几架

几架又称几座，是用来陈设盆景的架子，同景、盆构成统一的艺术整体，有“一景、二盆、三几架”之说。

### 1. 制作几架的材料

制作几架的材料有木材、竹制、金属、陶瓷、石料、树根、水泥等。

（1）木材几架　盆景所用几架多由木材加工而成，其中以红木、楠木、紫檀等硬质木材制作的几架最为名贵。但其价格昂贵，非一般盆景爱好者力所能及，可用普通木材仿制，然后涂以深棕色油漆，外观同硬木几架相似。如图 2-11 所示为木材几架。

图 2-11　木材几架

（2）竹制几架　竹制几架（图 2-12）由竹子制成，色调淡雅，轻巧方便。北方因空气干燥，竹制几架容易松动，放盆景后不稳当，所以不常使用。

图 2-12　竹制几架

（3）金属几架　金属几架（图 2-13）用三角铁、铁管、铁板、钢铁棍、铜板以及铝合金板管等金属材料，经过焊接、铆合等加工而成。金属几架可以设计成坚固耐用，美观大方的几架。

图 2-13　金属几架

（4）陶瓷几架　陶瓷几架有小型桌上式的，也有大型落地式的。陶瓷几架可放置室外陈设盆景，不怕风吹、雨淋、日晒，这是它的一大优点。

（5）石料几架　用高标号水泥制成，用于室外陈设，放置大型盆景，多见于盆景园内。

（6）树根几架　树根几架（图 2-14）用天然老根制成，北方多用荆条老根，南方多用黄杨老根，富于天然趣味。

**2. 几架的样式**

盆景用的几架样式繁多，根据放置的位置，可分为落地式、桌上式和挂壁式 3 类。

（1）落地式　落地式几架因较大需放置地上。如两头翘起的书案、方高架、方桌、长条桌、圆高架、茶几、高低一体的双连架、圆桌等。

（2）桌上式　这类几架较小，需置于桌案上面，故称桌上式。盆景所用的几架大多属此类。桌上式几架（图 2-15），以用树根及其自然形态制成的几架最古朴优雅。

（3）挂壁式　挂壁式（图 2-16）把博古架挂在墙上，称挂壁式几架。目前挂壁式几架样式很多，常见的有圆形、长方形、六角形、花瓶形等，几架内的小格变化更多，大都精心构思，争立新意。

几架与盆景的匹配，关键是协调。一般来讲，悬崖式树木盆景应配较高的几架，但栽种于签筒盆中的悬崖式树木盆景，也可以配较低的几架。圆盆要配圆形几架，但要注意盆钵和几架不要等高。长方形盆、椭圆形盆应配长方几架或书卷几架。自然树根几架的平面多呈圆形或近似圆形，配圆形盆比较好。长方形或椭圆形山水盆景，常配两搁架或四搁架。总之，同一式样的盆钵和几架相配，只要大小、高低合适，一般是协调的。

图 2-14　树根几架

图 2-15　桌上式几架

图 2-16　挂壁式几架

## 六、盆景配件巧选择

盆景的配件又称摆件，是指在盆景中起陪衬作用或说明作用的亭、桥、楼、阁、船、筏、人物和飞禽走兽等模型的统称。配石也可以归在此类，形式各种各样。

配件在作品中起画龙点睛的作用，可以提高整个作品的艺术效果。盆景配件有陶质、石质、瓷质、金属制品，也有玻璃、木材、塑料、砖雕等制作的。品种繁多，形式多样。

### 1. 陶瓷质配件

陶瓷制配件用陶土烧制而成，分上釉和不上釉两大类。陶瓷质配件是盆景运用比较广泛的配件（图 2-17），不怕水，不变色，容易同盆钵、山石调和，无论是哪类盆景均可采用。

陶及釉陶配件以广东石湾出产的最为有名。该地生产的陶质配件，制作技术精湛，呈泥土本色，古朴优雅，人物姿态各异，造型生动，面部表情真实，栩栩如生。

### 2. 石质配件

通常用青山石等材料雕琢而成，有淡绿、灰黄以及灰褐等色。其优点是容易与山景色泽相协调。不足之处是多数石质配件制作比较粗糙，不如陶质或金属配件那样精巧，还容易损坏。

图 2-17 陶瓷质配件

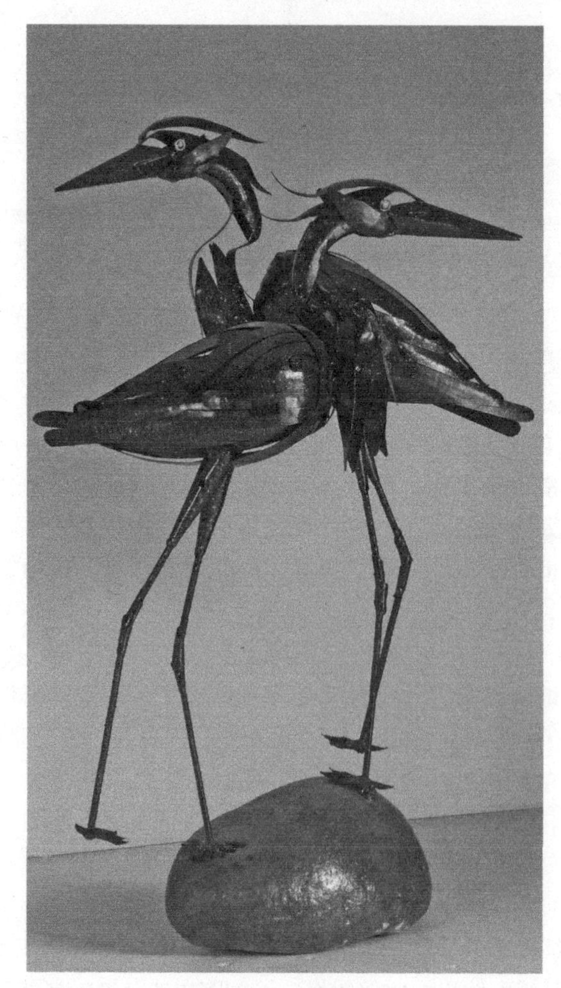

图 2-18 金属配件

### 3. 金属配件

金属配件（图 2-18）一般以着水不生锈、熔点低的铅、锡等金属灌铸而成，外涂调和漆。其优点是耐用、价格低、不易损坏，并可成批生产。不足之处是色泽不易与景物相协调，涂漆不牢固，日久容易脱落。多用于软石类长青苔的盆景。

### 4. 其他配件

用木、蜡、砖等材料制作配件，材料来源十分方便，可以就地取材，只要制作技艺熟练，亦能制成上等配件。比如用灰色旧砖块制作长城配件，放在山景上，就显得古朴庄重，富有真实感。

此外，还有木材、象牙、砖块雕成的盆景配件，以及玻璃质、塑料质配件等，但较少使用。

# 第二节 盆景制作常用造型

盆景是大自然景物的缩影，是集园林栽培、文学、绘画等艺术，互相结合，融为一体的综合性造型艺术。盆艺者运用创作技巧，合理的布局等，培育出经过一定艺术造型的树木花草，或经艺术加工的各种山石，使之构成一幅模仿大自然的景色，并超越山野原状的理想立体画面。下面介绍常见的四大盆景造型。

## 一、庄重安稳的直干式盆景

直干式盆景的树木根的最佳状态是粗根向四面八方伸展，尽显庄重安稳，有顶天立地的气势。枝条向四周伸展，层次丰富、枝势有力。枝条宜在主干高度的 1/3 或 2/3 左右处出枝，枝叶不要太多，以免遮挡主干，要让主干多裸露，以显示盆景树木的挺立和苍劲。

直干式树木盆景的盆宜浅，种植位置视树形而定，树与盆之间要有一种不对称的平衡。如树冠为等腰三角形，种植位置宜居中偏后。树冠略呈不等边三角形，种植位置宜略偏于三角形的短边一侧。

桩头树干直立或基本直立，呈现参天古木之势。制作直干式盆景常见的树种有红枫、银杏、水杉、金钱松、三角枫、榆树等。直干式树木盆景可分为单干式、双干式和多干式等形式。

### 1. 单干式盆景

单干式盆景（图 2-19）可选择老桩进行造型修剪，按其树桩自有的直干形态，对其各个侧枝进行合理的分布，前侧枝和后侧枝都要围绕主干的姿态而分配多与少。各部位枝条分布合理，才能尽显盆景的秀丽，清新至美感。

图 2-19　单干式盆景

### 2. 双干式盆景

双干式盆景（图 2-20）是由两株植物所组成的盆景，两株植物要选用高矮不等、粗细不等的同一树种。

双干式盆景宜选用圆盆或长方盆、椭圆盆栽植。选取植物时要选主干粗一点、高一点，次干矮一点、略细一点，两株的配植可一直一斜，以表现主次分明，不至于呆板。可疏可密，但一定要协调，不可过于紧密和过于疏散，枝条的分布要合理、均匀。

双干式盆景的制作必须注意以下几个要点。

(1) 作为素材的两棵树必须有主次之分，主树要高大些，次树要矮小些。

图 2-20　双干式盆景

（2）盆景的姿态以主树为主，次树的主干姿态要和主树的主干姿态大体相似，以形成一定的默契。若两树主干姿态变化截然不同，如一直一曲，则难以产生协调美，应忌用。

（3）种植的两棵树要有前后，不可平行。谁前谁后视具体情况而定。种植时两棵树的主干基部要靠近，并要让树的根部走向基本一致。两棵树主干伸展方向之间的夹角不宜过大，若夹角过大，两棵树的主干就有可能失去彼此呼应和顾盼。

（4）双干式盆景的枝条取舍和调整比较复杂，要把两棵树作为一个统一的整体来处理，以求达到整体的平衡稳定、虚实协调、争让有序。两棵树的下部大枝条应各自向外伸展，双干之间应剪除较粗枝条，以避免粗枝和主干交叉。双干之间的枝条应由前侧和后侧的枝条来填补，以避免直来直去。另外，主树出枝宜高，次树出枝可略低，以避免主树枝条影响次树的生长。

## 二、流畅婉转的曲干式盆景

曲干式盆景（图 2-21）树木要求主干有一定程度的弯曲变化，但弯曲不宜多，有一两个弯曲即可。弯曲要避免过于单调重复，否则会有人工造作的痕迹。

曲贵在活，活在于主干的线条刚柔并济，线条既流畅婉转又挺拔刚劲。在山野采挖的曲干素材苍劲自然，十分可贵，但也有不尽如人意的线条变化，要注意选择。

人工培育的曲干素材，将主干略斜种植，以便将另一侧的根培养成粗壮的强根且半露于土表，并使根的走向和主干的连接之处有流畅协调的感觉。主干和土表上根是曲干式树木盆

图 2-21　曲干式盆景

景最主要的观赏部位。对主干基部以上的部分，可将其截短，让主干另行选择发展方向，也可用剪扎结合的方式，制作盆景。

曲干式盆景树木主干生长自根部至顶部回旋折曲，甚至连细枝都是旋曲而生，主干的弯曲各有形态。造型时可选用长方形盆、圆盆、椭圆盆等栽种。根据盆的形状置于盆的中央或盆的 2/3 处。在每个弯曲部位外侧留有侧枝并造型成片，弯曲部内侧不可留有枝条，否则影响其造型美观。下部的侧枝一定要长至顶部并逐步缩短，但每个侧枝必须围绕主干的弯曲而有变化并呈自然弯曲状。

制作曲干式盆景的主要树种有枸骨、火棘、五针松、雀梅等。曲干式盆景造型有以下形式。

(1) 呈“S”形的曲干造型　此造型在桩景中比较常见。全桩造型有如太极般绵里藏针，在软弯娇媚中见阳刚之美，如图 2-22 所示为曲干式胡颓子盆景。

图 2-22　曲干式胡颓子盆景

(2) 干身呈“之”字形的曲干造型　此造型干身硬直刚烈，右边的半飘半跌枝聚临水造型，险绝中复归于平正，裸露的爪根有如铁锚般稳住干势，甚得舞者之态。

(3) 干身呈“5”字形的曲干造型　此造型风貌特异。集探枝悬崖与卧干式于一体。干身呈“5”字形硬角直出，极尽阳刚之气，结顶软弯蛇曲，又得阴柔之美；探枝左飘取悬崖态势并与结顶相呼应。爪根耸立稳住全桩态势，全桩刚柔相济，造型灵动活泼，是曲干中难得的造型。

(4) 干身呈反“3”字形的曲干造型　此造型干身刚柔互换，结顶枝与斜立的干身气势相同，高位拖枝使造型有飞天、奔月之态，是比较常见的常规造型。

(5) 干身呈双接“S”形的曲干造型　此造型干身翻卷扭动如金龙起舞，所配枝托如龙爪，气势悍霸。古朴苍劲的干身积聚无穷的力量，引弓待发。这一类型的曲干桩是上上桩材，十分难得。

(6) 干身呈圆弧大弯的曲干造型　此造型干身下部大弯软滑，上部硬直刚烈，全桩呈逆势，造型在高位配上“3”字枝，与干身大弯统一。结顶枝与干势走向相同，势韵一体。这是充分发挥原桩个性的结果。

(7) 干身由“S”形与“之”字形相接的曲干造型　此类树桩在松、柏类中相当常见。翻卷扭动的干身有如虬龙般劲健，左探右拖的配枝使树冠完满、中规中矩，是十分成熟的造型。

曲干造型千变万化，上面所举只是一些常见的规律性总结。只要因材施艺，就能创作出完全不同的作品来。

## 三、临空取势的悬崖式盆景

悬崖式盆景一般有半悬式、全悬式和倒挂式盆景等。

(1) 半悬式盆景　树木全株越出盆外，但树体不低于盆面，或是主干横出，或是因主干较短而第一枝较粗长，从而临空取势。

(2) 全悬式盆景　树木全株越出盆外，并作倾泻状向下伸展且枝条横出，如图 2-23 所示为悬崖式全悬盆景。

图 2-23　悬崖式全悬盆景

(3) 倒挂式盆景　树木全株越出盆外，裸露的主干垂直倒挂，枝条依然横出。

悬崖式盆景的制作主要在选材，材料主干的基部有一定的弯曲弧度，主干或大枝条能顺势横出或下垂。以前常用高千筒花盆种植悬崖式盆景，以烘托树木由高向下跌的气势。现在改用半高式的方盆或网盆种植，再用高几架造成悬崖气势。

在悬崖式树桩盆景造型中，一般不留干身底下枝托，而是体现在顶托的塑造上，因为以其形态而言，可使树木形态更趋完整，所以要求干身底线曲度变化清楚，防止干底出现荫枝，树势不均衡。桩景各种造型都要求干身四面出枝，唯独悬崖式只要干身三方有枝。底下枝的处理是通过干身的前枝和后枝的外向生长及曲度变化而取得，这样能使枝托有足够的生长空间，不会发生荫枝现象。

悬崖式盆景分为大悬崖式盆景和小悬崖式盆景。悬崖式盆景一般都是选用千筒盆。大悬崖式盆景（图 2-24）悬垂的树冠超出千筒盆的盆底，而小悬崖式盆景悬垂的树冠不超过盆底。小悬崖式盆景一般不低于千筒盆的 3/4。制作时选取树种根的基部到第一侧枝不少于 25cm 长度，对其纵向、横向十字开刀，并用胶布缠好，用粗铁丝成 45°绕好。固定牢使之弯曲下垂。树头也可略上翘，侧枝要根据下垂的主干变化而有变化。选材要有侧根，树干身段要跌宕有序，飘逸有势。

为了使悬崖式盆景奇特造型，取得整体美感，在制作时应注意以下几点。

(1) 悬崖式树桩盆景的基部一般垂直，从中下部开始向一方倾斜，主干向下，而临近梢部又向上回旋，呈虬龙倒走之势，给人一种蓬勃的生机感。

图 2-24　大悬崖式盆景

（2）悬崖式树桩盆景讲求提根。提根既可显其苍老树态，又可使盆景的动势有所缓解，造成视觉上的平衡。如只依靠根部造型，无法满足盆景的平衡要求，可利用点石达到目的。

（3）悬崖式树桩盆景的用盆宜用中深盆，并宜摆放于高脚几架上，这样才能更显出桩景的飘逸。

制作悬崖式盆景的主要树种有：五针松、黑松、九里香、榔榆、雀梅、小叶黄杨等。

## 四、飘逸简洁的文人木式盆景

文人树盆景需要在造型上把握其特殊的风格，更要注意通过形式表达、反映文人的思想境界。

文人树盆景树木主要突出瘦高的特点，从树木主干的基部到顶梢由粗到细，缓慢变化。文人树盆景为了体现作品画面的简洁，一般选用单干或双干的形式最佳。为充分表现文人树的韵味，素材以苍老遒劲者为宜。

文人树因主干讲究高瘦、古老，故枝宜少、片宜轻。一般文人树盆景作品的出枝位置都较高，约在主干高度的2/3以上，也有因素材的特点而出枝位置较低的情况。不论出枝位置高低如何，都是为求树姿飘逸潇洒、简洁淡雅，让画面留有较多的空白。

文人树的制作看似容易，其实并不简单，为了体现其得体、协调之美以及简洁清新、高雅脱俗之感，文人树主干的姿态、出枝的位置、枝片的多少和轻重、用盆的形式和规格等都是需要考虑的。它要求作者有特殊的审美灵感和扎实的文化功底，同时还要有娴熟的盆景制作技艺。

文人树的养护要点在于控制。为不使其枝干长粗、长高，而始终保持高瘦的主干、轻薄的枝片和荒古的树皮，在养护管理上不宜多施肥和勤换土。应根据不同的树种特性，给予最低的生存条件，以不致走向衰老为度。尽管如此，盆树总会继续生长，枝叶更新、枝片变重、树冠扩大，致使作品上下失衡，失去文人树原有的造型。因此，不论是何种树种的作品，均应在可以整形的季节里及时整形，以求保持文人树本来的造型。

文人木式盆景（图 2-25）栽植时一般都选用浅圆盆较好。文人木式主干或直或略有弯

曲，从根的基部到顶部不留有侧枝，是利用树冠部的各侧枝进行造型，在树冠部留用一较长侧枝或左、或右，用铁丝成45°绕好，下部弯曲。第二侧枝要短于第一侧枝再逐步收顶。

制作文人木式盆景的主要树种有：黄杨、雀梅、五针松、柏树等。

图 2-25　文人木式盆景

# 第三章　树桩盆景制作

树桩盆景的制作应有大树风度，苍老姿态，全树上下左右气势连贯，树枝疏密、穿插，富有变化，树冠层次分明而有节奏感。下面就让我们详细地认识并学会制作树桩盆景。

## 第一节　树桩盆景小常识

树桩盆景简称桩景，是盆景的一种。常以木本植物为制作材料，山石、人物、鸟兽等作陪衬，通过蟠扎、修剪、整形等方法进行长期的艺术加工和园艺栽培，在盆钵中表现旷野巨木葱茂的大树景象，统称为树桩盆景。

### 一、什么是树桩盆景

树桩盆景是指把木本植物移栽于咫尺盆中，通过精心的栽培、选择、修剪、绑扎整形的艺术加工过程，使之成为古雅奇伟的树木缩影的盆景。通过控制使茎干矮小、枝丫虬曲，悬根露爪、姿态苍老。在制作时，选取野外山林或苗圃中生长多年，初步具备盘根错节、茎干粗矮、易于成形的老树桩作素材来培植。如图 3-1 所示为榆树树桩盆景。

树木盆景主要观赏植物根、干、枝、叶、花、果的神态、色泽和风韵等。树木盆景制作，不外乎直干式、斜干式、曲干式、卧干式、悬崖式等几种，分为相树设计、因材制宜、因势利导实施造型、上盆栽植养护、完善造型、欣赏等过程。

### 二、树桩盆景有哪些特征

树桩盆景除具有其他艺术品的共性之外，还具有如下特征。

#### 1. 生命特征

有生命的艺术品绝无仅有，这是盆景的根本特性。生命给作品活力变化，给人蓬勃兴旺、顽强奋进的精神，生命活力之美是最佳的美，也是最难以表现的美。生命使作品有不可

图 3-1　榆树树桩盆景

怀疑的真实性，并决定其他特性。

**2. 独一性特征**

好的树桩存世仅一盆，其个性突出，没有相同的，符合求异发展的观念。

**3. 四维性特征**

造型艺术都占有空间，但不能占有连续运动的时间。树桩盆景三维形象突出，时间凝固在桩体上面。同时，树桩盆景又有随时间在根干枝叶花果的延续性，运动不止生命不息，四维时间使其形神放出光辉。

**4. 变化性特征**

树木随生长过程每年发生四季变化，不是一经形成就不能改变，由弱到强，改变桩的造型处理又可改变桩的形象。

**5. 不可仿制性特征**

好的树桩品相奇妙，形成条件各异，形成时间超长，不可仿制，没有赝品。

**6. 直观性特征**

优美的树桩是有生命的艺术品，具有收藏性。而它的收藏则不似书画，可藏之箱柜秘不示人。相反盆景必须示于人，每日见面与人相伴，与拥有人关系更持久，更密切。

**7. 参与性特征**

拥有树桩盆景就必须进行养护和管理，维持其生命的延续、功能的实现、形状比例的保持。这一连续参与特性使之与拥有人更亲切。

**8. 动能应用性特征**

树桩盆景是应用艺术品，可由于需要而移动，可登堂入室，供人观赏，改善环境，增强形象，陶冶情操，愉悦心情，有益身心健康。

**9. 资源利用性特征**

优良的树桩自然产生少，形成难，得到难，成活难，可采尽。

**10. 形成制作时间长期性特征**

树桩盆景的制作难度大，具有优美姿态、神韵和独特意境的作品没有数年功力不能产生，更不可能大量生产。

## 三、树桩盆景的应用

由于树桩盆景具有诸多功能及作用，尤其是其观赏作用，加上社会的发展进步，人们对生活质量的要求越来越高，盆景逐渐被应用于日常生活之中。

较多较早应用的是公园盆景。随着社会经济的发展，被藏于深闺的盆景逐步走向了街头。在重要的闹市区、金融区、商业区，有少量的大型树桩（图 3-2）出现，使人们对树的典型的古老美、姿态美，有了更多的感受。

图 3-2　大型树桩盆景

宾馆大楼是早期应用盆景，增加环境功能，吸引顾客的场所。许多普通百姓，走入了盆景欣赏、制作的队伍，培育诞生了盆景市场。百姓的阳台、窗台以及室内出现了不少树桩盆景，如图 3-3 所示为阳台树桩盆景。随着社会的发展，树桩盆景必定能在人民生活中得到更多应用。

图 3-3 阳台树桩盆景

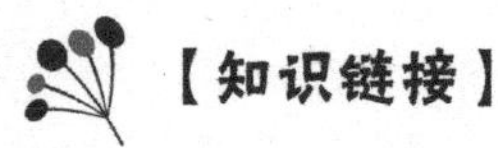

【知识链接】

## 灵活变化造型的桩景

树桩盆景整体造型内容包括总体造型设计，即树干、树型的设计，枝条或枝片布局，结顶形式，露根处理，盆面装饰以及景、盆、架的配置等。

树桩盆景造型的特点是连续性、穿插性、可变性和灵活性。从选桩开始，到挖桩、养胚、修剪、蟠扎、上盆、展前养护等始终都贯穿着造型工作，只不过这项工作在制作前和制作中更明显集中罢了。

假如一棵老桩或苗木，原本设计悬崖式，但悬崖枝条不慎在搬动中碰断或平时因虫蛀而枯死了，而靠近上端的枝干又有些可取的姿态，不妨改成斜干式、曲干式或卧干式。因此，桩景造型有很大的灵活性，即动手制作中随时改变造型和立意也未尝不可。

## 四、树桩盆景植物的选材

树桩盆景制作的最基本的要求是懂得对植物材料的选择，优良的植物材料才能产生优美的树桩盆景佳作，如图 3-4 所示为姿态优美的树桩盆景。盆景植物材料的选择受到植物生物学特性、栽培特点和造型艺术的约束，故对植物选择要求较高：树根裸露、盘根错节、怪根古拙；树干直、斜、曲、卧、垂、古、奇、斑驳；树枝刚健、柔和、平展、疏密；树叶细小、斑彩、常青、丛生；花果艳丽、淡雅、芬芳；萌芽力强，成枝率高，耐阴和耐阳性强，生长缓慢，寿命长，容易繁殖，耐修剪易造型；具有耐旱、耐湿、耐瘠薄，以及抗病虫害和适应性强、抗性强的特性。

图 3-4　姿态优美的树桩盆景

树桩材料的来源有：市场购买、人工繁殖小树桩或挖掘野生树桩。市场购买树桩应注意以下几点。

① 要看树桩是否会因过度失水而不易栽活。

② 要看根部须根，须根不宜太少，否则不易成活。

③ 树桩形态要具备古老苍劲的姿态。

人工繁殖小树桩主要是通过扦插、嫁接等方法。小树桩虽然小，但经过精心培育和艺术加工，也能起到小中见大的效果。

挖掘野生树桩有以下几点好处。

① 山野树桩由于人为的多年砍伐，经过自然界的雕塑，姿态苍老古朴，其自然美是能工巧匠不可比的。

② 成型快，自挖掘到成型少则 2 年，多则 4～5 年。

③ 成本低。

野生树桩挖掘注意事项如下。

（1）挖掘前的准备工作　首先要摸情况，摸清树桩所在地、规格、质量、品种等情况。其次要根据挖掘树桩的数量组织人员，准备工具，同时要解决好运输工具。

（2）挖掘时间　一般在秋末或早春，以土壤不冻、植物处于休眠季节挖取为好。植物萌

动后不宜挖出，影响成活；冬季也不宜挖取，此时虽处于休眠期，但由于对植物损伤太大，影响其成活。

(3) 挖掘方法 挖桩一般选择在贫瘠荒山、崖壁、溪边路旁。一般都要选树龄长、生长旺盛、形态本身一般具有苍古奇特、遒劲曲折、悬根露爪的坯料为好，如图 3-5 所示为老树桩。挖掘时一定要以保其成活为首要目的，可在挖掘时视树种确定主根或侧根、须根的截留以及多余枝条的截留。通常要保留一部分主要的造型枝干，并剪短使其萌芽，根据树坯的具体情况考虑其将来造型，但注意在截取萌发力较弱的树种时，要适当多留一些枝条。采掘时若能在根部带土则尽量带土，若实在不能带土，则用泥蘸糊根部后用谷草或筐篓包装捆扎，辅以苔藓，保护树坯在运输途中不致失水过度。

图 3-5 老树桩

为确保树木成活，松柏类和珍稀树种可分次挖出。一般在第一年先在原地截断一侧的根，并在下面掘穴，填入肥土，埋好踩实，土面再铺一层青苔，这样既可保水又可防止冲刷。第二年伤口处长出很多须根，然后再用同一方法处理另一侧根，经过 3 年可全株掘起，挖取时必须带土球，并尽量少伤新根。

(4) 挖掘后树坯管理主要是确保成活　一般在地下深埋养护，还要用浮土盖顶或用塑料袋罩住顶部，防止水分蒸发过量难以成活。待其成活后，再逐年造型提根。此外还应注意以下几点。

① 成活后不要急于上盆。此时虽已长出根系，但还不是很发达，过早上盆会造成树桩死亡。

② 忌疏浇。桩头埋下浇透水后，不可忘记较干后再浇。树桩本来上部受伤，下部缺根，植株蒸发水分，伤口挥发水分，水分缺乏极易造成树桩死亡。保证一直湿润又不涝沤是树桩成活最重要的措施。

③ 忌误察。从挖桩到养护成活这一段过程，前段切根断枝造成植株突然重伤，就延长了休眠，进入“假死”，这时应妥善管理，休眠过久则不易“更醒”。待温湿保养桩体生机抬头，先以桩内活力生出嫩芽，进入“假活”，这时并没长出新根，即使长出新根的时候也仍未达到真活，因为这些嫩根不足以吸入足够水分和营养供应树桩所需，仍需继续保持埋桩催壮。

④ 忌心浮。对桩头设计成桩姿态一定要仔细思考，反复推敲，而且一旦确定后就不要轻易修改。频频除去新芽是心浮气躁的表现，对养桩极为不利。如图 3-6 所示为温养后的老树桩。

图 3-6　温养后的老树桩

总之，对树桩养护管理不要掉以轻心，要注意树木生长规律和当时当地的环境条件的结合，讲究科学，宁勤勿懒，小心谨慎，制平凡成精美，化腐朽为神奇，把一个个桩坯养活，加工成一盆盆成功的树桩盆景。

## 五、树桩盆景的造型与修剪

树桩盆景的千姿百态、生机盎然、古朴典雅等，都是经过精心的栽培、修剪和长期的盘扎而成的。盆景的立意、布局是否合理得当是盆景制作的关键，形象而又灵活地运用各种艺术手法，把大自然景观浓缩于咫尺盆中，才能使人百看不厌，心旷神怡，有一种美的享受。

### 1. 树桩盆景造型构思

首先要掌握树种的习性，根据每一树种的树桩生长特点进行造型构思，并采用不同的艺术造型手法进行加工。同时要分析原始树桩的优弱势，多观看树相，进行一番认真的比较，对根、干、枝依势去留取舍。所选留树桩的根、干，不宜作太大的改变，基本上应保持原有的形态。对树桩的发展趋势要进行分析，因势利导，去粗存精，使盆景造型尽量表现自然风貌，如图 3-7 所示为表现自然风貌的树桩盆景。

图 3-7　表现自然风貌的树桩盆景

盆景造型立足于构思，构思可落实于构图，以构图贯穿制作过程。丛林式、附石式、水旱式，都可以在探讨国画意境的基础上进行构思；单干式可考虑大树型或直干式的文人树型；树干、树枝的造型可根据传统的制作方式，按照国画的技法进行构思创作，发挥树木原有的优势，以树桩为主体，再配以石料、人物、亭榭等小件，形成富含诗意的盆景作品。

在自然界中，树的形态有卧、立、悬、垂，要充分利用现有的良好素材（根、干、枝、叶等），通过艺术造型，以完整构图中的空间划分和确定，达到事半功倍的效果。

### 2. 树桩修剪

树桩盆景经过 1 年的生长，枝条伸长，叶片茂密；开花的花枝太长，花谢后花枝杂乱，影响观赏效果。为此必须适时对枝干进行修剪造型，剪去杂乱的交叉枝、重叠枝、平行枝、对生枝、病枯枝等，并删剪过密的枝杈，如图 3-8 所示为修剪后的雀梅桩景。剪短的枝条和保留的枝条能够充分利用树体的营养，削弱强枝的长势，促进弱枝快长，以保持树形美观。

观花、观果类盆景通过修剪，则可每年开花结果。修剪方法有剪芽、剪梢、剪枝和剪花。

图 3-8　修剪后的雀梅桩景

（1）剪芽　剪芽可防止抽芽太长，以保持树的原型。对萌发强的树种，生长期枝条萌发出许多新梢，应随时剪平，并修剪整齐。对松类树种，主要采用剪芽的方法控制枝条的伸长，防止顶芽抽长变成软弱枝条。

（2）剪梢　榆树、雀梅、榕树生长期新梢萌发快而多，如果任其自然生长，容易破坏树形，应随时将其剪短、剪平。

（3）剪枝　不断向上生长的枝条，其基部的枝条会不断枯死或变弱小，所以应剪枝。通过剪枝还能使侧枝变短、变密，起到矮化、缩小树体的作用。可将当年生的枝条剪短，使枝干短缩、粗壮有力。

（4）剪花　观花、观果盆景，要按照其开花、结果的习性修剪。如梅花系早春开花的树种，在花后剪短花枝，促使萌发新梢，形成第二年的花枝。

## 六、树桩盆景的蟠扎技艺

蟠扎法作为树木盆景制作的传统造型技法之一，其作用和目的是盘出枝干以造就出千变万化、丰富多彩的外形来。

根据使用蟠扎的材料可分为金属丝蟠扎技艺（图 3-9）和棕丝蟠扎技艺两种，金属丝、棕丝是常用的扎缚物，也有少数地区用马蔺叶、树筋。棕丝蟠扎是川派、扬派、徽派、苏派传统造型技法，而当前多采用金属丝造型。两种蟠扎材料各有优缺点：金属丝各地很容易获得，棕丝仅限于南方；金属丝操作简便，一次定型，棕丝操作比较复杂，不好掌握，造型效果来得慢；但是金属丝易生锈，损害树皮，而使用棕丝不伤树皮且观赏效果好。

图 3-9　金属丝蟠扎的盆景

树桩用金属丝进行蟠扎的方法如下。

用金属线蟠扎比用棕丝蟠扎方便、省时，枝干扭曲容易，改变枝的方向、角度准确，枝干增粗快，有整形矮化的效果，同时能够促进侧芽的长成，产生密枝。蟠扎常用的金属线有铝线、铜线。粗干蟠扎可用粗的铁线（如 8 号铁线），但铁线容易生锈，会影响枝干的健康生长。铝线可用温火加热使之变软，更有利于缠绕。

蟠扎应选择晴天进行，注意掌握好蟠扎时期。枝条柔软，未萌发新芽或新芽木质化时，都是蟠扎的好时期。落叶树于冬末初春蟠扎，常绿树多在初春和梅雨时节蟠扎，观花树宜于开花前蟠扎，较少在秋季蟠扎。冬末初春新芽未萌发时蟠扎，能够促进腋芽生长，萌芽时停止蟠扎，可避免损伤腋芽，影响侧枝的紧密性。梅雨前树木处于生长的旺盛期，增生组织形成快，扎伤的枝条复原容易，有利于扭曲造型及定型。

可蟠扎的树桩要在盆土内固定牢，整盆放置于平视的地方，或放置旋转台上，审视根、干、枝，找出视觉最好的一侧为正面。定好树型后，清理枝叶，剪除无用枝和部分妨碍视觉的枝叶。

缠绕金属线的方法如下：扎树干时，先将金属线的一端插在靠近树干的盆土中，或是把金属线的一端钩在靠近树干的根部并固定好，然后由下往上缠绕。作弯曲的部位，缠绕的金属线可稍密些，以防扭曲折断树枝。扎枝时可用其他枝或树干作金属线的固定点，由内向外螺旋状缠绕。缠绕的金属线与枝、干成 45°角。枝干左弯曲向右绕，右弯曲向左绕。作为弯曲部位的外侧点，要有金属线绕过，枝干弯曲时才不易被扭折断裂。粗干用粗线缠绕，细枝用细线缠绕。缠绕时金属线贴紧树皮，不必用力过大，避免损伤树皮。金属线要避开枝干的芽眼。细枝缠绕可以 1 条线两头各扎 1 枝，中间绕树干 1 圈以上，作为两枝的固定端点。粗干用一条线蟠扎强度不够时，可用双线并排齐扎。

拆线时间也颇有讲究。当金属线快要陷入树皮时，就要进行拆线，拆线后若认为枝干还没有达到原定的曲度效果，还可以第二次缠绕，但要避开第一次缠绕的痕迹。枝干曲度固定，曲线优美，树形完整，说明蟠扎成功，即可拆线。

## 七、树桩栽培养护方法

树桩起挖后应立即栽植，栽植前应准备好所需物品，如营养土、花盆、枝剪等。树桩盆景一般均要求排水良好、透气性好、营养丰富、富含腐殖质的土壤。栽植新桩及成型盆景均可自己配制土壤。盆土的制作方法如下。

(1) 取园土 5 份，腐叶土 2 份，腐熟的豆饼渣 1 份，腐熟的牛粪 2 份，草木灰 2 份，黄沙或河沙 2 份，充分地拌匀后使用。

(2) 在松柏树下挖取已经经过常年腐烂的针叶土（图 3-10），针叶土是偏酸性土壤，疏松透气，透水，有利植物生长，挖回后还可掺些园土混合使用。

图 3-10 针叶土

(3) 也可用园土与树叶堆制而成。一层土，一层树叶，一层人粪尿或牛粪堆制，冬季翻开冻，来年春天过筛。

毛坯最好用泥盆（图 3-11）栽植。盆以泥盆为上，泥盆透气透水，便于植物的成活。泥盆的大小、深浅应根据毛坯的大小来确定。栽植前根据树桩的形态进行修剪，剪去上部不需要的枝条，以降低其水分蒸发量，提高成活率。同时剪除树桩的伤根病根，并进行根部消毒，有条件栽培时可添加生根剂。对树干上伤口大的地方应用塑料布覆盖绑扎，或涂抹伤口胶，以防树干失水。栽植的方法和一般盆树栽植方法相同，先在盆底孔垫上瓦片，后在盆底加少量的营养土，然后将树桩放入，在根部的四周加土，并不断地用手按压，直至将根部埋入土中。

新桩栽种完成后，浇透水，以使泥土与根系充分接触。然后将树桩盆栽放置在半阴的环境中。第二天再浇透水。以后等土偏干后才浇水，但每天均应对树桩喷雾或洒水数次，减少茎干的水分蒸发，防止抽干。注意喷水量不能大，尽量不要使盆土过湿，防止土壤过湿烂根。盆土过湿也不利于新根的生长。

图 3-11 泥盆

因为毛坯在挖掘和运输的途中会出现部分失水的现象，所以上盆初期应以保活为主。待长出新叶后可移至光照合适的地方养护，可逐步将树桩盆栽移至光线较好的地方培养。在新桩生长的同时即可根据造型需要去留枝条，为以后的盆景制作打下基础。

养坯除了水肥养护管理外，应特别注意以下几点。

(1) 防寒　这是树桩成活的关键　秋冬季节现栽的树桩其本身已有损伤，缺乏抗寒能力，如不注意防寒，树桩极难成活。防寒的方法有放在温室、搭棚架或将盆埋入土中加盖埋土保暖等，只要保持盆土不结冰即可。由于新栽树桩根系吸水能力极强，新栽树桩也不能放在气温较高的温室内，防止树桩失水抽干，如环境温度较高，应注意经常向枝干上喷水，以减少树桩水分蒸发。

(2) 防“假活”现象　新栽的树桩一发芽，有人就认为已经活了，就放松管理，其实这就是“假活”现象。因为植物体本身就有营养，只要环境条件适合，即使新根还未长出，枝干也会长出新芽，此时应注意管理，确保水分供应，防止树桩失水。“假活”是真活的第一步，因为这些新的芽、叶、枝可以进行光合作用，促进提早生根，制造养分提高成活。

【知识链接】

## 适合给树木盆景浇的水

(1) 自来水　大多数家庭都用自来水，用自来水浇树木盆景时，最好将水在水桶、水缸中沉淀一天后使用。

(2) 河、湖水　边远地区以及山区居民生活用水，多数用河水或湖水。用河水、湖水浇树木盆景时，注意千万不可用有污染的河水、湖水浇水，否则对树木生长不利，严重时可导致树木死亡。

(3) 地下水　有的地区居民用水是抽取地下水，因为地下水的温度差别很大，用地下水浇树木盆景时，最好把地下水在水桶、水缸中放一天后再用。

## 八、雕干、饰干技艺有哪些

在树桩造型基本成型，已具供赏雏形后，为增强树桩盆景的老态（图 3-12），使其更富沧桑野趣，可对枝干进行适当的修饰处理，以弥补自育小桩等不够苍老的不足，常用的方法有雕刻、撬皮、朽蚀、蚂蚁蛀食、撕裂等方法。

图 3-12　树桩盆景的老态

（1）雕刻法　用刻刀、钻子等工具，在树干表面仿自然形态的沟槽孔洞造型，雕刻形状要自然，避免规则造作，雕刻时要照顾到木质纹理的特点。在定形修剪中留下较大锯口或剪口，可用刻刀雕刻成自然状疤痕形态。

（2）撬皮法　用小刀插入树干皮层，轻轻撬动使树皮（周皮）与木质部局部分离，然后在其分离缝中塞入一些杂物如木屑泥沙等，经过 1～2 个生长季（亚热带、温带 1～2 年）枝干表面出现粗糙，呈现老化。撬皮法适用于树木皮层轻易剥动的种类，如榕属、榆属等。

（3）朽蚀法　用利刀剥离树桩部分树皮，并切割木质部，然后在割口上涂以硫酸等强腐蚀性药剂或腐蚀性真菌朽蚀树干，造出孔洞，枯干达到要求后用清水或灭菌剂清洗创口。

（4）蚂蚁蛀食法　有条件还可以引诱蚂蚁蛀食木质部达到“雕刻”目的，在蚂蚁活动期间（3～10 月），可在树干上用刀刻去一些韧皮部、木质部，再在木质部上钻一些洞眼，涂上饴糖、蜂蜜，引诱蚂蚁群集蛀食，每周涂一次刮一次。蛀食木质部的速度是很快的，但切忌蚂蚁在此做窝（用 20 倍福尔马林驱逐）。

（5）撕裂法　就是对需要疏剪的枝条或者树干，不用剪刀而是用手，连同树皮和部分木质部一起撕除，使树木露出一道木质沟槽，伤口愈合后好似自然形成，给人以古雅老残的印象。

## 第二节　常见树桩盆景制作及养护

树桩盆景需要满足叶小枝曲、花繁果艳等条件。常见的常绿类有：鸟不宿、柞木、赤楠、胡颓子、十大功劳、南天竹、火棘等。常见的落叶类有：卫矛、水杨梅、雀梅、紫薇、三角枫、小叶安贞、榔榆、紫藤等。下面主要选择一些生命力旺盛的树桩盆景作出实例分析。

### 一、五针松盆景制作及养护

五针松（图3-13），别名五钗松、五须松、常绿乔木。幼树皮呈淡灰色，光滑；老龄时呈橙褐色，鳞片状剥落；针叶细、短、密，五针为一束，故名五针松。4～5月开花。

图3-13　五针松树桩盆景

五针松性喜阳光充足、温和清爽的环境。忌狂风烈日、阴雨久湿。五针松盆景以微酸性、排水透气性土培育为宜。盆土需经常保持水分干湿适度，高温时节润而不涝；风干时节常向叶面及周围环境喷水，保持环境湿润。

五针松在北方地区入冬需放冷室养护，禁肥控水，保持光照充足、温度平稳（0℃左右）、通风适度，使植株安静休眠，切忌温度有较大波动。

#### 1. 材料选择

在制作盆景前，首先要选材，选材的好坏直接影响盆景制作的美观、悦目。五针松一般都用嫁接成活的苗。在市场选购五针松时应注意以下几点。

（1）仔细看嫁接口是否愈合良好，愈合不好或愈合处有明显的裂痕的不要购买。

（2）看枝条是否拔节过长，节间过长会影响造型。

（3）看苗是否有失水现象和是否有病虫害。

### 2. 盆景造型

五针松不仅具有典型的松树形态特征，而且可塑性较大，通过修剪和控制生长，能达到小中见大的效果。因此，其造型应着重表现出端庄、苍劲。

五针松常见的树形有直干式、双干式、多干式、斜干式、曲干式、悬崖式及提根式等。此外，还可制成合栽式（丛林式）、附石式及挂壁式等类盆景。直干式应高耸、挺健，有参天之势；曲干式应矫若游龙，刚中有柔；悬崖式（图3-14）应临壁悬垂，有探海之势。在造型上须注意枝干屈曲盘旋不可过度，否则便显得庸俗做作，极不自然。

图3-14　悬崖式五针松盆景

五针松的造型风格，各派不同。扬派常将顶部枝叶结扎成云片状，树冠偃盖，如蓝天层云；苏派枝片多修剪成半环形，疏密有致，错落有序，如结顶古树；海派枝叶分布不拘格律，形态自然，浑厚苍劲。五针松的根部宜露出土面，但不要悬空提起，否则反失稳重。

### 3. 盆景养护

（1）温度及光照管理　盆栽环境下土壤较薄，因此不可在烈日下曝晒，夏季温度高时，应将其移到半阴半阳、空气流通处养护，保持空气湿润。北方地区冬季室内温度高，不适合五针松的冬季越冬，因此秋季末应将其搬至无采暖设备的库内，保持温度在5℃左右，有利于来年树木的生长。

（2）水肥管理　五针松盆景树喜湿润环境，但怕水涝，因此浇水以保持土壤湿润为宜，可经常对叶面喷雾，保证小环境的湿润。生长旺季要适当减少浇水量，避免枝叶的徒长影响观赏效果。冬季几天浇水一次，保持土壤湿润即可。施肥以充分腐熟的饼肥为宜，施肥时期为春秋两季，以稀肥水灌根即可，半个月灌 1 次。夏季生长旺盛时不施肥，避免枝叶徒长。

## 二、黑松盆景的制作及养护

黑松在我国南北方地区均有栽培，树桩资源比较丰富。黑松树桩主要从山地挖取。野生于平瘠山崖、砂石坡地的树桩，以树干显得苍老，干节粗短、弯曲，露根的为佳。适宜的挖掘时间在小寒至大寒之间，挖掘时树桩的根要保持完整，根要带泥，才容易成活。

黑松树干清瘦古拙，斑驳如鳞，针叶粗壮劲健，小枝垂而有力，柔中寓刚，具有一种朴拙的阳刚之美，形态自然而具神韵，富有画意（图 3-15）。

图 3-15　黑松盆景

### 1. 材料选择

在选用黑松的毛坯时，一要选树干粗且生命力强的桩头，二要选枝干拔节不太长的桩头，三要选没有病虫害的桩头，四要选桩型有发展潜力的桩头。

### 2. 盆景造型

黑松树干苍老，树冠翠绿，姿态雄健挺拔，适宜做成直干式、斜干式和悬崖式等多种形式的盆景。干粗直时，可做直干式，稳重敦实；干自然弯曲时，可做曲干式，也可做悬崖式。

（1）整姿加工　以蟠扎为主，修剪为辅。黑松树桩养坯一年后，生长良好，根系发达，成活率高，抗烟尘污染能力强。

（2）树干造型　黑松盆景可制作成斜干式（图 3-16）、曲干式、悬崖式等，也可制成附石式盆景。由于黑松针叶粗硬而较长，不宜剪扎成层片状，多以自然形为主，显示典型松树特色。

图 3-16 斜干式黑松盆景

**3. 盆景养护**

(1) 光照与温度 黑松耐寒耐旱，可常年陈放在庭院中台坡、阳台和平台上，即光照充足、空气流动之处。但小型盆景在盛夏时，不宜强光暴晒。冬季可露地越冬，最好连盆埋入向阳背风地方。若在室内越冬，室温不宜太高，清明节即可移到室外。

(2) 浇水 黑松喜干燥而忌积水，浇水不可过量，见干才浇，浇则浇透。在生长期适当控水，可使枝干粗矮，针叶短小，增添观赏价值。夏季高温时，可经常喷叶面水，有利生长。

(3) 施肥 黑松耐瘠薄，土壤缺肥，也能正常生长，且促使干矮、枝密、叶短。但在生长期适当施 1～2 次稀薄腐熟的饼肥水，有利于健壮生长，增加抗病虫害能力。

**【知识链接】**

## 怎样使盆景树木的叶片变小

叶片小可使盆景树木显得高大。使盆景树木叶片变小的方法主要有以下几点。

(1) 当树木的根长满盆土时，盆土的养分越来越少，树木为保护自身而使叶片逐渐缩小。当根系发达、肥料充足时，叶片就越长越大。因此，要使盆景树木叶片变小，就要采用适当的小盆少土种植，适当控水、控肥，控制树木生长，树木叶片相对地就会逐渐变小。

(2) 植物枝上的叶片，当年萌发的次数越多，萌发的叶片就变得越小。根据这一生理现象，需要盆景树木叶片小的年份，可有针对性地多次修剪枝叶，使叶片逐渐变小。观叶盆景树木经常摘叶，可促发新叶，使新叶色彩鲜艳，以增强观赏效果。

(3) 通过嫁接小叶树种（图 3-17），也可使盆景树木的叶片变小。

图 3-17　嫁接小叶树种

## 三、银杏盆景的制作及养护

银杏，别名白果、公孙树，落叶乔木。树皮灰褐色，叶形状似扇，雌雄异株，偶见同株，花球状，雌球花有长梗，花期 5 月，10 月果实成熟。银杏为阳性树种，喜光，不耐阴，耐寒、耐旱，忌水涝，喜肥沃、疏松的土壤。从栽种到结果需二十多年，四十年后才能大量结果，能活到一千多岁，是树中的老寿星。我国的银杏栽培较广，华北及两广地区都有栽培。

银杏是著名的长寿树种，生命力强，叶形奇特，易于嫁接繁殖和整形修剪，是制作盆景的优质材料，用银杏树制作的银杏盆景（图 3-18）更是一绝，具有很高的观赏价值和经济价值。银杏是中国盆景中常用的树种，银杏盆景干粗、枝曲、根露、造型独特、苍劲潇洒、妙趣横生，是中国盆景中的一绝。

### 1. 材料选择

银杏树桩在野外能寻找到，挖掘一般都是在 11 月至翌年 2 月树桩没有发芽时进行。首先应剪掉树桩上部不必要的枝条或主干，进行必要的截干、截短枝条，再行挖掘。挖掘时应

图 3-18　银杏盆景

注意切断主根，以促使今后多发侧根以利于成活。根部要多带些土球栽植，挖回后应剪其断根伤根栽植，如图 3-19 所示就是银杏树桩盆景。也可在市场上选购银杏树桩。选购时要注意看树桩是否有病虫害，是否有失水现象，芽眼是否饱满，根是否鲜嫩等。

图 3-19　银杏树桩盆景

### 2. 盆景造型

银杏耐修剪绑扎，易于造型，可做成多种形式，直干式大树型庄重敦实，丛林式野趣盎然等。银杏的常见造型有直干式大树型盆景及斜干式、丛林式等。

（1）观察树形　银杏徒长枝条比较多，只有一个主干稍具有观赏性，故比较适合观干造型。修剪徒长枝条时，先观察枝条着生的位置，剪去重叠枝、交错枝等。

（2）造型修剪　剪去多余枝条后，再修剪需要造型枝条的长短，如不能明确修剪造型枝条的长短，则可先绑扎金属丝，待绑扎造型好后再修剪。

### 3. 盆景养护

制作完成的银杏盆景要置于阳光充足、通风湿润处养护。夏季要避免干旱暴晒，冬季要埋土防寒。在生长季要保持盆土湿润，每周施饼肥或农家肥一次，施肥量要小。盆土尽量选择优质营养土，可适量添加沙土及糠灰。每隔两年要换盆一次，换盆时修剪过长根系，并换去一半旧土，在盆底施基肥。银杏盆景生长缓慢，病害比较少，养护管理相对简单。

## 四、罗汉松盆景制作及养护

罗汉松为常绿小乔木，喜光，稍耐阴，喜温暖、湿润。罗汉松叶片小，生长慢，寿命长，耐修剪，适合制作各种形式的盆景，也是传统规则式盆景的主要树种。罗汉松古桩较少，多自幼培育。

罗汉松盆景（图 3-20）主要呈小乔木或灌木状，叶短而密生，枝叶婆娑，苍古矫健，姿态动人。生长季节萌发新梢，其嫩绿新叶点缀于浓绿叶丛之间，颇为美观，是一种上等的盆景制作材料，尤其对制作微型盆影更是首选对象。短叶罗汉松别名小罗汉松、土杉，常呈灌木状。

图 3-20　罗汉松盆景

罗汉松木质硬，韧性强，枝条直立。枝干直径 0.5～1cm，生长充实、健壮的罗汉松可用金属线蟠扎（传统用棕丝），干粗 2cm 以上时，弯曲难度加大。

**1. 材料选择**

选用根部发达，根盘四面伸展，主干有曲度，分枝多，树形矮壮的树桩。制作小型盆景可选用 0.5～1cm 粗的干枝弯曲造型。传统式选用主干较长的进行蟠扎造型，主干多弯曲成二弯半、游龙弯，于左右弯曲凸出部位留枝，扎成云片状。

**2. 盆景造型**

罗汉松的造型多在休眠期进行，以蟠扎为主，修剪为辅。由于罗汉松的枝条柔软，易于蟠扎，又可进行修剪，因此造型多样。常见的形式有曲干式、斜干式、卧云式（图 3-21）、悬崖式和提根式等。枝叶可修剪成去片状或馒头状。

图 3-21　卧云式罗汉松盆景

**3. 盆景养护**

（1）光照　罗汉松盆景宜放置在温暖、湿润、半阴半阳、通风的场所。冬初应移入低温室内，室温在 6℃左右可安全越冬。

（2）浇水　罗汉松盆景盆土要保持湿润，但盆内不可积水。在炎热的夏天还应向地面和枝叶上喷水，使局部小气候有一定湿度。

（3）施肥　罗汉松不喜大肥，春季、初夏各施一次腐熟的有机液肥。秋季不宜施肥，以免肥大促发秋芽，冬季易遭冻害。

## 五、侧柏盆景制作及养护

侧柏，又名扁松、扁柏、扁桧、黄柏、香梅，常绿乔木。幼树树冠尖塔形，老树广圆形；树皮薄，浅褐色，呈薄片状剥离；大枝斜出，小枝直展，扁平；叶为鳞片状；花期 3～4 月；果 10～11 月成熟。原产华北、东北，目前全国各地均有栽培。如图 3-22 所示为大型侧柏盆景。

图 3-22　大型侧柏盆景

侧柏为温带阳性树种，栽培、野生均有。喜生于湿润肥沃、排水良好的钙质土壤，耐寒、耐旱、抗盐碱，在平地或悬崖峭壁上都能生长，在干燥、贫瘠的山地上生长缓慢，植株细弱，浅根性，但侧根发达，萌芽性强，耐修剪，寿命长，抗烟尘，抗二氧化硫、氯化氢等有害气体，侧柏根、叶可入药。

**1. 材料选择**

制作侧柏盆景可用种子繁殖，一次可获得较多小苗木，但从繁殖小苗到培育成形需要较长时间，此法适合苗圃或盆景生产基地。也可到苗圃或花卉盆景市场购买有一定姿色的盆栽侧柏。

**2. 盆景造型**

采梢和舍利（树干白枯化）是制作侧柏盆景必须掌握的重要技法。采梢实际就是掐叶。因为侧柏的幼枝是由鳞状的小叶发育长成的，通过掐去幼嫩的枝叶，可控制疯长。采梢的目的就是为了规范树形，通常的做法是在实施截干蓄枝的基础上进行，可和蟠扎一起出效果。

舍利可应用于已枯死和可枯死的部位，也可应用于扭曲而有旋美之姿的干枝，或由于线体及色彩对比的需要而实施（图 3-23）。

**3．盆景养护**

（1）光照　侧柏喜光，但又有一定耐阴性能，春秋两季置阳光充足，通风良好比较湿润场所养护。炎热夏季用遮阴网可适当遮阴。盆栽在冬初应移入低温室内。

图 3-23　舍利侧柏盆景

(2) 浇水　侧柏喜湿润，生长季节要保持盆土湿润，除向盆内浇水外，还应向地面洒水。但盆内不可积水。冬季少浇水。

(3) 施肥　侧柏能耐瘠薄土壤，春秋两季施 2～3 次腐熟稀薄有机液肥即可。炎热夏季、冬季不宜施肥。

## 六、地柏盆景制作及养护

地柏，别名铺地柏、爬地柏，常绿低矮匍匐灌木。大枝细长而软，小枝密生而较短；叶刺形；植株一般无直立主干；幼树皮较光滑，老树树皮粗糙。地柏喜光、耐阴、耐寒、不耐旱。喜湿润环境，对土壤要求不严，如图 3-24 所示为地柏小盆景。

### 1. 材料选择

制作地柏盆景的材料获得主要有 2 个途径：

(1) 人工繁殖　可用压条、扦插或嫁接方法，以扦插为主。

(2) 到花卉盆景市场购买　购买有 2～3 年树龄的苗木或购买有多年树龄并有一定姿色

的盆栽地柏，然后根据立意加工造型。

图 3-24　地柏小盆景

**2. 盆景造型**

地柏适宜制作成悬崖式（图 3-25）、斜干式、曲干式、卧干式等。在制作地柏盆景时，

图 3-25　悬崖式地柏盆景

应以蟠扎为主，修剪为辅。蟠扎可用金属丝，棕丝。盆景轮廓蟠扎完成后，根据造型的需要，应对小枝进行剪短或从基部剪除。盛夏和早秋是地柏生长的旺盛季节，若这时进行蟠扎、修剪整形，树液容易外流，影响其生长，所以蟠扎、修剪、造型宜在冬末或早春进行。一般地柏蟠扎需 2 年左右的时间才能定型，如过早拆除绑扎物，枝条会反弹恢复原状；过迟拆除，又会勒伤枝条，影响生长，留下痕迹，也不美观。

### 3. 盆景养护

(1) 光照　春季、晚秋阳光不太强时，地柏盆景可置光照充足湿润的场所莳养，夏季、早秋阳光比较强烈，气温高，地柏盆景应放半阴半阳遮阴篷下。在北京地区冬季应移入低温室内越冬。在南方初冬浇透水，连盆埋入背风向阳处就能安全越冬。

(2) 浇水　地柏喜湿润，在生长季节要常向盆内浇水，但盆内不能积水。在天气炎热时，除向盆内浇水外，还应常向地面洒水和向枝叶上喷水，使局部小气候有一定湿度。冬季要少浇水。

(3) 施肥　在生长季节（炎热夏季除外）30 天左右施一次腐熟稀薄的有机液肥。冬季不要施肥。

## 七、榆树盆景制作及养护

榆树系榆科榆属落叶乔木。别名家榆、白榆、小叶榆。榆属中树木很多，目前制作盆景用材主要是家榆中的中、小叶品种以及榔榆。因为这些榆树习性很接近，现人们习惯称呼中以“榆”代表同属的树木。榆树姿态潇洒挺拔，萌发力强，新叶初放，嫩绿满树，树皮由浅褐色到深褐色不同，老桩树皮呈不规则鳞片状剥落、斑驳可爱。如图 3-26 所示为榆树盆景。

图 3-26　榆树盆景

### 1. 材料选择

榆树盆景多选用在野外生长的榆树老桩，经历了多年的人为刀劈斧凿，或风剥雨蚀、动物啃咬等，逐渐形成许多不同的奇异姿态。有的盘根错节，苍劲古朴；有的枯根新叶，别有洞天，这些都是制作盆景的优良材料。

### 2. 盆景造型

榆树的造型应以剪为主，剪扎并用。根据其老桩的基本形态，可以制作直干式、曲干式、斜干式、卧干式或悬崖式等多种形式。由于其根系发达，还可能制成提根式或附石式盆景。榆树枝干柔软，可蟠扎成多种形式的盆景。榆村枝叶耐修剪，因此可剪成云朵式，也可根据制作者的创作意图，剪成所希望的形状。造型时间可以在落叶后的休眠期，也可在生长期，但一定不能在萌芽期做造型。

### 3. 盆景养护

(1) 光照　榆树喜光，生长季节要放阳光充足通风好的场所。在南方冬季把盆连榆树一起埋入向阳处可越冬，在北方冬季榆树盆景应移入低温室内向阳处越冬。

(2) 浇水　已成型的榆树盆景浇水不可太多，水大宜促使新枝徒长，浇水应掌握盆土“见干见湿，干则浇透”的原则。冬季少浇水。

(3) 施肥　生长季节每月施一次腐熟有机液肥，炎热的夏季和寒冷的冬季不要施肥。

## 八、红枫盆景制作及养护

红枫系槭树科槭树属落叶灌木或小乔木，别名鸡爪枫、七棱枫、山槭等。红枫新叶萌发时即呈红色，叶片经年都呈红色或紫红色。这是它与那些春夏早秋叶片呈绿色，深秋经霜后才变红的槭树科其他树木的不同。如图 3-27 所示为红枫盆景。

图 3-27　红枫盆景

**1. 材料选择**

在制作红枫盆景的时候，我们最常做的就是制作双干式盆景，但是一定要选择高低、大小不一的植株作为盆景栽种，这样才能出效果。以株型矮小，枝条细弱、下垂的为好。选苗时能够带土球是最好的。

**2. 盆景造型**

对红枫盆景进行造型时，首先用铝丝缠住主干上的小枝，然后将它们朝着想要的方向弯曲。如果感觉枝条伸展角度达不到造型的理想效果，可以用铝丝适当地牵引一下。注意的是每条主干枝都要用铝线和铝丝牵引到准确的位置。其次是蟠扎，蟠扎就是指树干周围和树膛内，还有主要分枝上一些弱小一些的分枝，都要给它们确定好方向，用铝丝缠绕、牵引，让它们朝着理想的方向生长。多余的枝叶要用修枝剪剪掉。

**3. 盆景养护**

（1）光照　红枫系弱阳性树木，春秋可置光照充足通风处莳养，在夏季以及早秋光照比较强烈时，要放早晚可见阳光处或放遮阴网下养护。红枫盆景冬季要移入低温室内越冬。

（2）浇水　在生长季节要保持盆土湿润，但盆内不可积水。秋后以及冬天，水分蒸发少，要适当少浇水，盆土稍偏干为好。

（3）施肥　在生长季节，每月施一次腐熟稀薄的有机液肥，在春秋两季各施1～2次0.2%磷酸二氢钾液肥，有利叶色艳丽。炎夏和寒冬不要施肥。

**【知识链接】**

## 彩色的风景带——檵木盆景

檵木属于金缕梅科檵木属植物。多为灌木，有时为小乔木，多分枝，小枝有星毛。叶革质，卵形，全缘；花3～8朵簇生，有短花梗，白色，比新叶先开放，或与嫩叶同时开放，花瓣4片；蒴果卵圆形。

檵木的变种红花檵木原产湖南浏阳宁都一带，它是在特定的外界条件下，从金缕梅科檵木属分离出来的一个自然杂交变种。叶常年紫红色，花红色。花期一般在2月底至4月初，这个时候的花期长，花最多，整棵树见花不见叶，时间可持续1个多月。在南方大部分地区一年四季都能开花，但除了正常花期外，其他时间的花相对较少，时间较短，在15天左右。红花檵木喜温暖向阳的环境和肥沃湿润的微酸性疏松土壤，耐寒、耐修剪，易生长。

因红花檵木的叶红，花红，树形优美，枝繁叶茂，性状稳定，适应性强，而大量用于绿化环境，美化公园、庭院，观赏价值极高，成为最近几年来园林造型应用最广的彩色树种之一。

## 九、朴树盆景制作及养护

朴树，又名沙朴、青朴、千粒树，落叶乔木。朴树枝条舒展、姿态古朴优雅，干形挺拔，叶片翠绿，冬季叶片脱落后，可作寒树观赏，别有一番情趣，如图 3-28 所示为朴树盆景。

图 3-28　朴树盆景

### 1. 材料选择

制作朴树盆景的素材，可通过扦插、播种、野外掘取以及购买等方法获得。每年春季修剪朴树盆景时，将剪下的枝条插在苗床里，保持盆土湿润，30 天后即可长出新根来，两年后即可成为制作小型盆景的上好用材。

### 2. 盆景造型

朴树的造型多用粗扎细剪法，而岭南派大树型加工则完全采用修剪法，仿效岭南绘画技法，讲究剪裁技巧，蓄枝截干，重视整体构图效果。



朴树盆景适于制成直干式、斜干式、曲干式、卧干式或附石式等形态。枝叶可以扎片或修剪成馒头状圆形，也可加工成自然树形。

### 3. 盆景养护

(1) 光照　朴树喜光，应放置光照充足、通风良好处养护，夏季不需蔽荫。若放光照不足湿潮处，根系发育不好，生长不良。在南方冬季连盆一起埋入背风向阳处可越冬，在北方冬季应放入低温室内越冬。

（2）浇水　朴树有一定耐旱性，生长季节应保持盆土湿润，但盆内不可积水。夏季炎热时，早晨浇透水，傍晚基本不用浇水。冬季少浇水，盆土潮湿就不要浇水。

（3）施肥　莳养朴树盆景不可用大肥，春秋两季每月施一次腐熟稀薄有机液肥，炎夏、寒冬不要施肥。

## 十、黄荆盆景制作及养护

黄荆系马鞭草科黄荆属落叶灌木或小乔木，别名五指柑、布荆。黄荆树形古拙，枝叶扶疏，淡雅秀丽，春季嫩绿新叶满枝，如枯木逢春，生机盎然，冬季叶片脱落后，显露出苍劲挺拔枝干，别有风韵。如图 3-29 所示为黄荆盆景。

图 3-29　黄荆盆景

### 1. 材料选择

目前黄荆盆景材料都选自山野采掘的老根桩，经过培育加工而成。 黄荆于春季 2～3 月掘取，注意保护根系，截去过长的主根，并根据造型的需要，修剪枝干。修剪后的树桩及时下地栽培，进行“养胚”。

### 2. 盆景造型

黄荆盆景的造型原则是粗扎细剪。扎剪之前，根据不同的桩体形态立意，剪除所有废枝（重叠枝、交叉枝、迎面枝、轮生枝等）将所留之枝，按不同的出枝走向进行蟠扎（图 3-30）。蟠扎时注意以下 2 点。

（1）不要等枝干长得太粗了蟠扎，黄荆枝干太粗质脆易折断。

（2）蟠扎时别碰掉芽眼，否则日后会缺枝少叶形成“滑干”。

扎好的枝条，任其增长增粗，过 1～2 年等枝条与主干粗度相协调后，留一、两个枝节，动第一剪，以后培养的二级枝、三级枝要粗细逐变，过渡自然。

图 3-30　蟠扎黄荆盆景

**3. 盆景养护**

（1）光照　黄荆喜光亦能耐阴，生长季节应放光照充足通风处。如放置阴湿的场所，枝条节间长，叶片较大而不美，还易招至病虫害。夏季炎热时，要适当遮阴。黄荆有一定耐寒性，在南方冬季可在室外越冬，在北方冬初应移入低温室内。

（2）浇水　黄荆盆景在生长季节要保持盆土湿润，掌握“见干见湿，干则浇透”的原则。黄荆有一定耐旱性，在生长季节盆土干燥，常造成枝条基部叶片发黄甚至脱落。春季新芽萌发和修剪后要适当控水，使枝节短、叶片小提高观赏性。冬季少浇水。

（3）施肥　尚未成型在培育期的黄荆生长季节每 20 天左右施一次腐熟稀薄有机液肥。已成型的黄荆盆景，春、夏、秋各施一次腐熟稀薄有机液肥。

## 十一、三角枫盆景制作及养护

三角枫系槭树科槭树属落叶乔木，别名三角槭、丫角枫。三角枫树姿秀丽、叶端三浅裂。春初嫩绿新叶满枝，秋后美丽的黄（红）叶扶疏成层，冬季叶落后，露出苍劲的树干和曲折多变的鹿角枝，风雅别致，更能显露出盆景艺者雄厚的造型修剪技艺，如图 3-31 所示为三角枫盆景。

**1. 材料选择**

制作三角枫盆景的材料，可用扦插、播种、嫁接、野外挖取及购买等方法获得。

**2. 盆景造型**



三角枫的根系健壮发达，非常适合做提根式或附石式盆景。制作前期，要有一个长时间的蓄枝阶段，以保证枝干健壮。枝条长到 40cm 长以后，就要进行蟠扎。这时候的加工技法应以扎为主，以剪为辅。三角枫的枝条比较脆硬，因此蟠扎时要小心，不要弄折枝条。当盆景基本成型以后，就要以剪为主，以保持树形。8 月上旬前后，分几次摘去老叶，可使三角枫叶片变小，秋叶变红。

图 3-31　三角枫盆景

**3. 盆景养护**

（1）光照　三角枫喜温暖湿润，适合放置在半阴通风湿润的环境中。生长季节放在室内的鉴赏时间 5 天左右为好。秋季适当多见光照，叶片变得更黄（红）美丽。冬季在南方把盆和树木一起埋入背风向阳处就可越冬，在北方冬初应移入低温室内越冬。

（2）浇水　三角枫喜湿润，在生长季节要保持盆土湿润，常浇水，但盆内不可积水。炎热夏天除向盆内浇水外，还应常向场地洒水。秋天局部小气候湿度大些有利叶变红。冬季少浇水。

（3）施肥　春季萌芽时施 1 次腐熟稀薄的有机液肥，到嫩绿新叶满枝再施一次 0.2%磷酸二氢钾液肥。在生长季节 30 天左右施一次腐熟稀薄的液肥，炎夏和冬季不要施肥。初秋再施一次 0.2%磷酸二氢钾液肥，有利叶片变艳丽。

【知识链接】

### “易成活”的枸杞盆景

枸杞又名地骨皮，为茄科，属落叶灌木。枝梗有刺，单叶互生，在7～10月份间在叶腋生花，紫色，到晚秋结出长圆形橙红色浆果，约在11月份前后成熟，可供食用。

枸杞喜光而稍耐阴，对土壤要求不高，在盐碱性、石灰质土壤中也能良好生长，喜肥而耐瘠，耐旱，管理较粗放简易，萌芽力较强，易移植，耐修剪。枸杞的繁殖用播种、扦插等方法都易成活。

## 十二、小叶女贞盆景制作及养护

小叶女贞系木犀科女贞属常绿或半常绿乔木或灌木，别名桢木、蜡树、将军树。因其叶小，萌芽力强，耐修剪，生长迅速，盆栽可制成大、中小型盆景，如图3-32所示为小叶女贞盆景。长江及淮河流域小叶女贞野生资源非常丰富，老桩移植极易成活，幼枝柔嫩易绑扎定型，选留合适枝条或剪或扎，经常进行修剪、摘心，一般3～4年就能成型，极富自然野趣。

女贞苍翠可爱，叶色亮丽，树姿优雅，适应性强，生长较快，又耐修剪，宜作绿篱，是制作盆景常用树种之一。

图3-32　小叶女贞盆景

### 1. 材料选择

小叶女贞盆景的材料来源于两点。

（1）人工繁殖　以播种育苗为主，亦可扦插、压条繁殖。播种采取条播、畦播、大田撒播都行，尤以畦播最好。

（2）山野采掘　野生的小叶女贞，经多年砍伐萌生的老桩，掘回后，露地培养一二年，整形修剪，然后再上盆加工造型。小叶女贞根蘖性很强，要随时进行修剪，保持一定姿态。

### 2. 盆景造型

制作时首先对主干进行造型，主干通过蟠扎，沿不规则方向弯曲成“之”形或反“之”形、“S”形或反“S”形，也可根据树相师法自然造型。修去对生枝、轮生枝、交叉枝、平行枝、逆枝、重叠枝等，选留适当位置，将枝条用金属丝（铝丝最好，铁丝易锈，铜丝要退火）绑扎定型。整形后遮阴10余天，经常喷水，则小叶女贞生长旺盛，若发现金属丝勒进树里应及时解除金属丝。若没有定型，可用棕丝或金属丝斜拉牵引，待伤口修复后再度绑扎。

若要枝条旋转下弯，应反时针方向缠绕金属丝，才能起到弯曲固定作用（图3-33）。

图3-33　下弯的小叶女贞盆景

### 3. 盆景养护

（1）光照　女贞盆景要放置光照充足通风良好处，否则易起病虫害。夏季天气炎热时要适当遮阴。在南方置背风向阳处即可越冬，在北方冬初要移入低温室内越冬。

（2）浇水　在生长季节要保持盆土湿润，炎热夏季除向盆内浇水外，还应在场地和叶片上喷水，保持局部小气候有一定湿度。冬季盆土潮湿即可不浇水。

（3）施肥　春秋两季每月施一次腐熟稀薄的有机液肥，炎夏和冬季不要施肥。

# 第四章　树石盆景制作

树石盆景分为三大类别，其中包括旱盆景类、水旱盆景类以及附石盆景类。树石盆景的两大必要条件即树与石，两者相辅相成，就可制成别具一格的树石盆景。

## 第一节　树石盆景小常识

随着人们生活水平的提高，越来越多的人开始注意到盆景在室内装饰中的重要性。树石盆景不仅仅是一个起到装饰作用的盆景，更能衬托居室主人的品位与学识。下面就让我们一起认识一下树石盆景的基本知识吧。

### 一、什么是树石盆景

树石盆景（图 4-1），就是树植石上，石置盆内，以树为主，石为辅，树附石而生，树有姿，石有势，树石交融浑然一体的盆景艺术品。

用多株树桩进行组合造景，并配以山石、花草、亭台楼阁、人物鸟兽，形成千姿百态、极富诗情画意的盆景景观，在当前盆景创作中日渐成为新的潮流。这类盆景是以树桩（多株）组合为主，同时又配以石材及其他素材构成景观的，因此称为树石组合类盆景。它是以 3 株以上的树桩进行组合，并配以石材及摆件，具有一定空间范围的盆景造型景观，其主要造型素材以树桩和石材为主。

树石盆景的树桩不是原始形态上的树木，是人为形成的，具有一定式样和姿态的造型艺术用品。也就是说，在进行树石类盆景造型时，树桩素材是具有一定造型式样的树桩。因是人为形成，其形态在组合方式的画面中体现一定的高低起伏和韵律感，更加贴合构思。

树石组合类盆景的景观式样是极丰富的，但就造型组合技法来说，一般分为水旱式、旱式以及附石式 3 种。图 4-2 为树石组合类盆景。

树石盆景从形态上集树木与山石于一体，形式活泼、灵活，能充分展现景观的微缩效果，还能恰到好处地表达作者的情感即所谓的“诗情画意”。

树石盆景源于何年虽尚无考证，但在一些史书中可以找到它们的雏形。如清康熙年间陈淏子的《花镜》。嘉庆年间沈复的《浮生六记·闲情寄趣》都有记载。

图 4-1　树石盆景

图 4-2　树石组合类盆景

## 二、树石盆景应立意先行

众所周知，树石盆景这种盆景艺术形式，它的最大特点是能充分表达意境，既有艺术性，又有极强的观赏性。就树石盆景的创作而言，途径有：因材制宜，因材造景，因景造景，因景命名；依题选材，按意布景，造景抒情，以形传神，无论前者、后者，均以“立意为先”。

树石盆景中的意境，是盆景艺术家的思想与情感同客观的树与石等景物相统一而产生的境界。树石盆景艺术家所创作出来的景，已不是普通的自然环境，而注入了盆景艺术家的思想感情的一种艺术境界，称为意境。树石盆景作品中意境的产生，使观赏者感到了言外意、画外音，如图 4-3 所示为具有优美意境的树石盆景。

图 4-3　具有优美意境的树石盆景

如果说，立意是确立树石盆景创作的意境。那么意境的表现是靠作品中的主题与题材来表现的。因此在盆景创作立意之时，就必须对主题与题材进行统一的考虑。如盆景佳作《风在吼》，就展现了树在风中枝条舞动的形态。这种枝条类树石盆景比较形象生动，如图 4-4 所示为枝条类树石盆景。

图 4-4　枝条类树石盆景

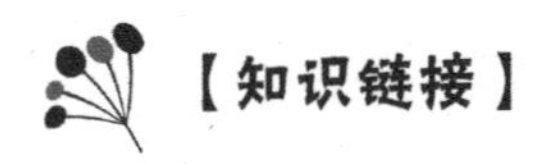

【知识链接】

石笋石及其造景

石笋石（图 4-5），又称虎皮石、松皮石、白果岩、剑石等，是一种变质砾岩。颜色有灰绿色、褐红色（松皮石）、土红色、土黄色等，中间夹有石灰质的砾石，如同白果大小，灰白色。砾石含硅质，易和空气中的二氧化碳作用，风化成许多眼、巢状穴，称为凤岩；而如砾石风化不够，或未风化者，称为龙岩。石笋石多为条状石，形似石笋，石质坚硬，不吸水。颀长而自然风化充分，四面均可观赏者为上品。使用时，常通过敲击、锯截和拼接进行加工造型，可用作山水盆景，宜表现峭壁险峰景象，或作竹类盆景中的配石，如同竹笋。园林中也常用石笋石作竹石小品，多产于浙江、江西等地。

图 4-5　石笋石假山盆景

## 三、树石盆景的造型与布局

树石盆景造型效果往往具有绘画般的意境，是以富有诗情画意取胜的。所以在创作树石盆景时，既不可照搬自然，也要反对人工匠气，更要注重形神兼备，此外，还要达到具有诗歌般的深远意境，除有优美的自然景色外，还应能使人在观赏之后产生无尽的联想。

一件树石盆景是由树木、山石、水面、土坡以及配件等在一起组成的，它是一个完整的、有机的整体。在树石盆景的布局中，只有处理好景物之间的主次关系，形成既丰富多样又和谐统一的局面，才能获得完美的艺术效果。如图 4-6 所示为精美的树石盆景作品。

树石盆景的造型布局，也要遵循疏密有致的艺术原则。在造型和布局时，无论是树木的间距，树叶的取舍，或者是山石的大小、位置及水岸线的变化等，都要做到有的地方要疏，

图 4-6　精美的树石盆景作品

有的地方要密，疏处中要有密，密处中要有疏。

在树石盆景的布局中，要使各种景物成为有机的整体，相互呼应是十分重要的创作手法。树石盆景中的景物通常都有其主要的朝向、倾斜等，比如山石倾斜的方向是前倾还是后仰、是向左还是向右，以及树木主干的弯曲、倾斜、朝向，主要枝干的伸展方向等。

树石盆景在布局时，要做到有露有藏、露中有藏，在布局时注意前后、错落穿插，相互遮挡掩映，使树与树有露有藏，时隐时现。若是单棵的树木，则可以在干、枝、叶之间作穿插变化，在主干前应有前遮枝，在主干后要有后托枝，枝与枝、片与片之间在上下、左右要有错落、重叠以及交互联系，利用这种露中有藏的处理，作品同样会取得令人满意的效果（图 4-7）。

图 4-7　树石盆景

## 四、水旱类树石盆景

水旱类树石盆景是树木盆景与山水盆景相互结合的产物，它是盆景特有的一种形式，水旱类树石盆景多数以树木为主景，间或也有以山石为主景的，本书中水旱类树石盆景在树石盆景的大类中进行介绍。水旱类树石盆景盆中有山、有水、有土、有坡，树木植于石或土岸上，山石将水与土分隔开来。表现的题材既有小桥流水的味道，也有田园风光、山村野趣的感觉，展现的景色具有极为浓郁的自然生活气息。如图 4-8 所示为水旱盆景。

图 4-8　水旱盆景

**1. 水畔式**

盆中一边是水面，一边是旱地，用山石分隔水面与盆土。水面部分放置渔船，点缀小山石；旱地部分栽种树木，布置山石。水面与旱地的面积不宜相等，通常旱地部分稍大。分隔水面与旱地时注意分隔线宜斜不宜正，宜曲不宜直。水畔式树石盆景主要用来表现水边的树木景色，富有诗情画意。

**2. 岛屿式**

盆中间部分为旱地，以山石隔开水与土，中间呈岛屿状，旱地四周为水面。水中岛屿（旱地）根据表现主题的需要可以有一至数个。小岛可以三面环水（背面靠盆边），也可以四面环水。岛屿式树石盆景主要用于表现自然界江、河、湖、海中被水环绕的岛屿景色。

**3. 溪涧式**

盆中两边均为山石、旱地以及树木，中间形成狭窄的水面，成山间溪涧状，并在水面中散置大小石块。两边的旱地不可形成对称局面，必须要有主次之分，较大一边的旱地上所栽的树木应稍多且相对高大，另一边则反之。溪涧式树石盆景主要用来表现山林溪涧景色，极具自然野趣。构成盆景的素材主要是山石、小溪和山林，体现林深谷幽、林密溪清的静谧幽深景色。

**4. 江湖式**

盆中两侧均为旱地、山石，中间为水面，后面还有远山低排。旱地部分栽种树木，坡岸一般较平缓。水面则较溪涧式开阔，并常放置舟楫或小巧配件等。布局时需注意主与次、远

与近的区别，水面不可太小，水岸线宜曲折柔和多变。这种形式宜表现自然界江、河、湖泊的景色（图 4-9）。

图 4-9　水旱类江湖式树石盆景

**5. 风吹式**

盆中用山石作坡分开水面与旱地，旱地部分栽种树木，并放置山石和配件。水面部分一般占盆面 1/3 左右。盆中的树木造型均做成风吹式，所有树枝都向一侧飘拂，整体布局营造一种静中有动，动中有静的局面，较为生动活泼而富有气势。

**6. 组合式**

盆中有多组单体景物，分则能独自成景，合则能组合多变。以石代盆，树栽石中，石绕树旁，树石相依，组合多变，协调统一。石与盆不能胶合，盆中景物可依创作主体需要而移动组合，交换成景。

## 五、全旱类树石盆景

全旱类树石盆景所用材料和布局形式大致相同于水旱类树石盆景，它既可以山石为主景，也可以树木为主景。全旱类树石盆景盆中有山、有土、有坡，盆面中没有水面，全部为旱景地，这是全旱类树石盆景与水旱类树石盆景之间的唯一不同之处。全旱类树石盆景造型布局的重点及技法主要在于树木和山石在盆面土中的造型与布局，借助树木和山石及土坡的变化、组合及造型来表现旱地自然树木和山石峰峦的自然美和艺术美。

**1. 景观式**

盆中有旱地、山石以及水面，也可以不留水面。旱地部分栽种树木，除有水旱盆景的一般形式特点外，景观式要有体量明显较大的建筑配件作主景，配件主要是房屋、亭台、舟船、拱桥、人物等，盆面中不留一点水面，全部为土坡、山石与景观。在景观式树石盆景中，配件成了主要景物，而原本作为主要景物的树与石则成了次要景物，如图 4-10 所示为全旱类景观式树石盆景。

图 4-10　全旱类景观式树石盆景

景观式中的建筑景物可以是现代的，也可以是古代的，如房屋、大桥、水坝等。景观式树石盆景主要用于表现人们在生活中与自然环境相融合的一种景观。

**2. 主次式**

一盆中山石与土布满盆面，树木栽植土盆中，同山石相依互作变化。树木多为数棵，分植于盆面两边，一组为主，一组为次，主景部分的树木要比副景部分的树木多。山石的安置也与树木相同，应突出主景部分，使主景部分在分量与体积上均明显超过副景部分。

**3. 配石式**

盆中石与树相配，将树木栽植于土中，以山石与之相配，配石式树石盆景多用于全景式布局。一盆之中多用两棵以上同种或不同种树木合栽，并将配石点缀在树木土坡之中，用以扩大景观。配石式树石盆景既可以呈现自然界二三成丛的树木景象，也可以呈现出疏林、密林、寒林等不同景观，极富自然界山野幽林之野趣。

**4. 风动式**

主景为盆中树木，树木的枝条造型均为风动式，将所有树枝都处理成被风吹成一边飘拂的姿态。盆中没有水面，全为土面坡地，树木栽于土面上，以山石作为配景。按照造型主题需要，配置石头数块与土坡形成起伏变化的大地风吹树动之景观。

**5. 附石式**

附石式树石盆景主要表现自然界依附于山石而生或生于山石之顶、山崖之旁的老树景象，有“神龙凌空、龙爪抓石”之势，树石虚实相生、刚柔相济、古雅入画、意趣妙生。有石上树和树依石两种形式，都是树木利用山石作依附在盆中布局造景的一种形式。它可以是

单棵树木栽于石上，也可以是多株或成丛栽植于山腰山坡之中，至于如何栽植布置得宜，应根据立意的需要随机变化，如图 4-11 所示为附石式树石盆景。

图 4-11　附石式树石盆景

## 第二节　树石盆景制作及养护

在制作树石盆景时，一般应该遵循培育为主、雕剪结合，尊重植物的生长规律的原则，因石配树，因树选石。

### 一、旱式树石盆景制作技法及步骤

将多株树木丛植于一盆，通过合理布局和运用裁剪蟠扎等手段，使作品表现出生动和谐的群体美，可使人体会到山野丛林意境的乐趣。

**1. 选树**

选树不需要每一株都很完美，但要求树木姿态自然，大体风格相似，各具特点。不同树种种植在一起，要求有一定的共性，尤其是姿态要基本相似。一般旱式树石盆景（图 4-12）适合瘦长树木，不宜太奇，在淡雅中得趣。所选树木最好是经过盆栽培养有成熟根系的树木。常用树种有各种松柏类植物、六月雪、榆、红枫、雀梅、福建茶等。

图 4-12　旱式树石盆景

**2. 脱盆剔土**

选好树木脱盆后，用竹签细心地剔除根球上的部分泥土，剪去有碍种植的树根，不宜剪除的，作适当绑扎弯曲处理，剪除根系发达的部分须根。

**3. 树木试放定位**

按照树石盆景空间与平面的构成原理及方法进行。

**4. 修剪整形**

剪去枯枝、弱枝、徒长枝，然后根据试放时的观察，剪去过密、重复以及影响整体效果的枝条。

**5. 入盆用薄瓦片或塑料纱网垫好排水孔。**

撒上一薄层细土，然后布置树木，覆土并填实。盆内土面最好起伏自然，不要太平坦。

**6. 点石布苔配件**

旱式树石盆景常用石头作点缀，石头与树木要气韵相通，色调调和，相映成趣。土面上布苔能使树石浑然一体。有的还可配制与盆景内容一致、比例适当的景物配件。

【知识链接】

## 什么是龟灵石

龟灵石（图 4-13）又名龟纹石，属石灰岩。因自然风化和受长期侵蚀形成，质地坚硬、紧密，稍能吸水。其表面有深浅不一的龟裂纹，因而得名。龟灵石体态浑圆，除龟裂纹外，表面比较光滑，皴、皱较少，给人壮实厚重、气势雄伟的感觉。颜色有从灰白到灰黑等多种，亦有几种颜色相间混杂的情况。我国南方园林中用龟灵石布置景观的较多，其与棕榈科植物协调配置，具有线条柔和、亲切感人的南国风情。也可选择中小型龟灵石制作山石盆景，常可表现远景峰峦和海岛礁石景观，即所谓平远式盆景。

图 4-13　龟灵石

## 二、附石盆景制作技法与步骤

附石盆景是大自然石上树、悬崖倒挂树、卷石树、依石树、抱石树等典型特写，是融山水盆景与树桩盆景精华于一体的表现形式。要培育好附石盆景，需有两个先决条件：一是要有适合于附石生长的生命力特强的树种（常用的附石树种有榔榆、福建茶、细叶榕、六月雪、松树、黄杨、雀梅等），而且要培育有足够长度的树根；二是要有缝石料，可选用太湖石、斧劈石、英德石、风化石、砂积石、钟乳石、芦管石等。

### 1. 附石盆景造型形式及造型要求

(1) 悬崖式　悬崖桩径一般 2～3cm 即可，附在 70～80cm 高的石山上，其造型主要是险与动。可分为大悬崖式、半悬崖、横飘式、俯枝式等，根据选用石料的姿态及树桩的形状、根头的起立状况而定。此类盆景培养的时间比较长，大型的要4～5年才可成形。如图4-14所示为悬崖式附石盆景。

图4-14　悬崖式附石盆景

（2）石上树式　此形式石料要求下部稍大，给人一种稳固感。造型的重点在于树与根的表现艺术，多用飘枝以求树势开展，结顶要求雄、厚。要在稳重的基础上求变化，不死板，如图4-15所示为石上树式附石盆景。

（3）卷石式　树根斜缠在石上，有如巨蟒搏食。石料的要求比较圆瘦，可直可斜。要注重树根的流畅美。创作的要点是把石料看作大树的树干，附在石上的小树是这大树干上的树顶和侧枝。在枝法上可用跌枝法、垂枝法以取势，加强树石的对立统一。

（4）抱石式　重点是表现如屈铁、折钗般的树根如鹰爪般地附在石上。石料要求高、大，能让根紧紧擒抱即可。树的姿态、形状很重要，要有苍古、嶙峋、怪趣、天成的韵味，要以树为主体。桩景中的曲干式、斜干式、大树型都可用在这一形式上。创作的要点是根要抓牢山石，如图4-16所示为抱石式附石盆景。

（5）相依式　表现的是一种难分难舍、树石相依的意境。石料可雄可秀，造型的要点是考虑整体效果，要做到雄、秀、清、奇。

附石盆景可大可小，取材容易，玲珑剔透，百媚横生。它在现代的居室中既可单置，也可组合，深受广大群众的喜爱，是一种大有发展前途的盆景形式。相同树种或不同树种分清

图 4-15　石上树式附石盆景

主次，可用分组的办法进行，要讲究树干的疏、密、聚、散。疏，即重要、精华枝干外围要有空间；密，即树干与树根要紧迫；聚，即枝托、结顶要成簇，做到密不透风；散，即外缘的独立干要起点睛、独立观赏的效果；虚要与密互相补充，才能产生疏可跑马的境界。

**2. 附石盆景制作步骤**

（1）选石　除了选取具有天然空洞或自然石缝的硬质石料外，也选用孔洞多、吸水性能好的软质石料，如沙积石、芦管石、浮石、海母石等。最好选用一种表硬内松的软质石料，而且表层纹理要千变万化。

（2）选树　选树宜选用姿态苍老、叶小、枝短的植物，且其习性应适合石上生长，须根多，耐干旱、耐修剪、易整形。常用的有榆、六月雪、松柏类、水蜡、榕树等。

（3）石料加工　一般要求孤石成形，丰满稳重，表面线条简洁。树体与石料的比例协调，气韵贯通。

（4）种植　分为孔种法与贴种法两种。

① 孔种法。根据种植位置在石料上打孔，把树木种在孔内的泥土上，任其生长，直至树石合一。

② 贴种法。石料不经打孔，直接把树根贴附在石料表面的位置上，覆土并用棕片把根

图 4-16　抱石式附石盆景

部与石料紧紧固定，利用植物根系向地心生长的特性，使其自然深入石内。

## 三、树石盆景的后续处理

在经过材料加工、布局、胶合石料以及栽种树木等一系列工序后，一件树石盆景作品大体上基本完成，此时仍有一些后续工作有待完成。主要包括盆面地形处理、配件安放、修改整理铺种苔藓以及清洁整理等。至此，整件作品方告完成。

### 1. 地形处理

树石盆景中的土面部分一般都会占整个盆面的二分之一多，若不进行地形地貌处理，土面或是平板一块，或呈半拱圆形，则效果不佳。树石盆景盆面地形应起伏变化为好，这样方符合自然界地貌要求。全旱类树石盆景中由于盆面全部为盆土和山石，因此地形处理显得更为重要。

树石盆景的盆面通常都有大小山石配置，也叫点石。在处理盆面地形时，可结合点石的安置一起进行，土面起伏上下若没有点石安置其中，就缺少了刚与柔的变化。若土中有了点

石，则盆面地形就有了生机，有了变化，效果也就大不一样了。因此树石盆景中盆面点石安置是地形处理时必不可少的一步，必须加以重视。

盆面上的石料应与土层紧密接合在一起，放置石料时应用力将其按实，周边要用细土围上，使石料有生根稳固感，不可以将石料“悬浮”在土面上。如有大块山石或主要山石，往往可以在没有盛土之前就在盆中将其安置好。为了不使山石移动，还要将其与盆面胶合固定。最后再盛土于盆中，并结合小的点石进行盆面地形处理，如图 4-17 所示为树石盆景的山石布置。

图 4-17　树石盆景的山石布置

### 2. 配件安放

配件可以丰富作品内容，增添作品生活气息，在树石盆景作品中起着不可或缺的作用。配件可以用来点明主题，可以令欣赏者借助它来发挥想象的余地，使作品产生意境。

宜将配件固定在石坡或旱地部分的点石上，也可以在旱地需要放置配件的地方埋进石块，用以固定配件。配件若是舟楫、拱桥，则可直接将其固定在盆面上；若是石板桥，则可将其搭在两边的坡石上；若是下棋、读书、吹箫等多种形态人物，则以放在树荫下为好；若是渔翁垂钓，则可将其放在临水的平坡上。

除了一些通常所用的配件之外，还可以自己动手制作，或者选择一些现代生活气息较浓的、符合现代生活的配件，来创作出具有现代气息的树石盆景作品。

制作时，通常都将配件用胶水固定在石料或盆面上，但有时为了避免损坏，也可不作固定胶合，只是在展出时或供欣赏时才临时将其摆放到盆面上。

### 3. 修改整理

待作品基本完成之后，创作者应对作品进行最后审视，找出作品中所存在的不足，以作修改。

首先要观看作品的整体效果。一般来说，在通过对盆景作仔细审视观察之后，总能发现一些疏漏之处，要及时予以修改。然后再对树木作一次细致的修剪，或对树木的枝叶进行一些细小的调整，直至感到满意为止。

审视修改工作结束后，就可将盆中树木、石头、盆面全部清洗干净，将盆土上的杂叶废物拣清，用喷雾器给盆面全面喷水，然后给盆土表面铺种苔藓。

#### 4. 铺种苔藓

给树石盆景表土铺以苔藓（图 4-18）可保持水土、丰富色彩。有了苔藓的铺垫，使盆中的土与树联成一体，增加自然的生活气息。除此之外，苔藓还可以作为灌木丛和草地来表现效果。

图 4-18　树石盆景上铺种的苔藓

苔藓的种类比较多，在铺设苔藓时，最好以一种为主，适当再少配一些其他种类，以使盆面上展现的草地、灌木景象更加自然逼真，达到既统一又有变化的效果。

为使苔藓容易与土紧密接合在一起，在铺种之前，先要在裸露的土面上喷些水，使盆土湿润；然后将苔藓撕成小块，细心将其铺上，用手轻轻按上几下，让苔藓同土接合。要注意铺时苔藓与苔藓不可重叠，也不可铺到盆边沿上。另外，不宜使苔藓与树木根部接合处全部铺满，应呈交错状。苔藓与石头接合处不宜呈直线，也应呈交错状。全部苔藓铺种完毕后，用喷雾器再喷一次水，让苔藓吸上水即可，不宜喷多。

### 四、树石盆景的养护管理

树石盆景成景优美，格调清新，含蓄隽永，应用题材宽广，市场前景较大。如果想让它走进千家万户，其养护管理简单化是重要环节。下面是树石盆景的养护方法。

#### 1. 浇水施肥

树石盆景由于用盆很浅，盛土不多，所以平时盆土较易干燥，特别在盛夏高温季节，因此要特别注意及时补充水分。一般可根据天气情况而定，如春季艳阳高照时可早晚各浇一次水；夏季高温时除早晚两次浇水外，还可在中午追加一次喷水；秋季风高气爽时，每天也要浇水两次。

为避免盆土被水冲走，浇水时宜用细眼喷壶，喷洒后待水渗入土中，再重新喷洒，这样反复进行几次，才能使盆土吃透水。

平时除了正常浇水之外，还要用喷雾器对盆中树木、山石以及盆面苔藓进行喷雾，以使树木、苔藓等生长良好。

为使盆中植物长势健旺，还要进行养分补充。如果没有足够丰富的养分补充，植物就会生长不良。

树石盆景的施肥，应做到薄肥勤施。施用的肥水多以稀释后的有机肥水为好，应尽量少

用无机肥。肥水可用喷壶细洒，注意不要将树木叶质污染。也可将一些颗粒状有机复合肥埋入土中，让植物自然慢慢吸收。

施肥时机以在春、秋两季为宜，夏季不施，通常每周一次。秋季施肥很重要，一直可以施至立冬小雪前再停施。由于秋季为树木养分蓄积期，所以只有在此季节施够肥料，让植物吸收充分的养料，才能为来年开春树木的生长打下基础，第二年树木才会旺盛生长；而且秋季施足肥料，树木冬季抵御寒冻、抗病虫害能力也都会增强。

**2. 修剪换土**

盆中的树木经过一段时间生长，都必须修剪。但此时只需把重点放在树形姿态的维持上，也就是将长野的树枝剪短，对一些交叉枝、轮生枝、徒长枝、重叠枝、病枯枝及时剪除。除此之外，一般不需过多重剪。

宜在 6 月芒种节气前后和 12 月冬至以后修剪，每年大剪两次。平时注意把徒长枝剪除。如遇作品要参加展出，则必须在展出 15 天之前进行修剪，并将全部树叶摘除，使其在展出时正好新叶萌芽，达到最佳观赏效果。但在摘叶修剪之前，必须提早施好肥，促使其新叶萌发正常。

盆中的树木生长多年后，须根会密布盆中，而且土壤也会逐渐板结，此时若不进行换土作业，则会影响到盆中植物的生长。

一般 2～3 年进行一次换土，多在春、秋季节进行。换土时先取下配件与点石，并记住其位置。待盆土稍干时，从盆中取出树木，用竹签剔除约一半旧土，同时将部分过长过密的根系剪去，换上疏松肥沃的培养土，然后再按原位置将树木栽入盆中，把点石按原位置放上，加以固定，放上配件，铺上苔藓，然后再喷洒水使盆土湿透。

**3. 防治病虫害**

为使树石盆景中树木健康旺盛生长，平时宜经常观察是否有病虫害，做到预防在前。因为树石盆景中树木的生长环境受盆浅土少的影响，对病虫害的抵御能力相对差一些，所以要特别予以重视。通常每两个月喷洒一次杀虫除病的药水，这样可确保树木免受病虫害，使树木生长健壮。

# 第五章　山水盆景制作

以大自然奇山秀水、旖旎风光为创作范本和表现主题，以名山大川、大漠戈壁、南国溶洞中自然形成的奇峰怪石为主要材料，创造出不同的山水景观，并配以树、草及各种摆件，在较浅的山水盆中置景，用来表现山川及江水湖泊等大自然景观者，即为山水盆景。

## 第一节　山水盆景小常识

山水盆景就是将奇峰异峦、高峡飞漾、百嶂千峰、洞幽奇景等自然景色，浓缩到浅盆中，盛在几案上，俨如一幅立体山水画，使人如临碧波绿水之前、名山大川之间，意趣盎然。

### 一、山水盆景历史渊源

山水盆景（图 5-1）又称山石盆景，它是以自然界中的山石风景为范本，经过精选、提炼等艺术加工，在盆钵中表现层峦叠嶂、悬崖绝壁、江河湖海等景观的艺术品。

图 5-1　山水盆景

陕西省西安市郊中堡村出土的唐三彩砚，底部是一个浅盆，前半部是水池，后半部是群峰环立，山峰与水池相连，山峰上有数只小鸟。这件仅高 18cm 的艺术品，显示了一幅优美的山水佳境。

故宫博物院保存的一幅唐代画家阎立本绘的《职贡图》，图中呈现这样一个画面：在进贡的人群中，有一人手托浅盆，盆中立着一块造型优美的山石，这件作品和现代山水盆景很相似。唐代诗人有许多有关山水盆景的诗词。如杜甫的《假山》诗云："一篑功盈尺，三峰意出群。望中疑在野，幽处欲出云。"

宋代山水盆景更发达，无论在造型上还是用材上都有了新的发展。宋代很多杰出诗人、画家都是盆景爱好者，留下很多有关山水盆景的诗篇。陆游诗曰："叠石作小山，埋瓮成小潭。旁为负薪径，中开钓鱼庵。谷声应钟鼓，波影倒松楠。借问此何许，恐是庐山南。"

明、清时代，山水盆景进入成熟期，制作技艺超前，山水盆景款式繁多。

**【知识链接】**

### 什么是砂片石

砂片石又称砂积石，属于表生石英砂岩。砂片石颜色有灰、青、黄、绿、锈黄等，是古河床内的沉积石英砂经长期流水冲刷、浸蚀而形成的。以钙质为石英胶结物的为灰色或青色钙质砂岩；以铁质为石英胶结物的为锈黄色铁质砂岩；以钙质、铁质共同参与石英胶结的，则呈黄绿色。由于河床砂岩沉积年代有早晚，因而各种砂片石的胶结程度也有不同；有的胶结程度高，质地坚硬；有的胶结程度低，质地较疏松。石英砂粒粗者称为粗砂积石，反之称为细砂积石。

砂片石吸水性能较好，可生长苔藓和细小的植物。其外形锋芒挺秀，具有深浅不同的沟壑或长洞，表面皴纹以直线为主，有时也杂有曲线，有扭曲状、云丝状、云纹状、穴窝状等线型。砂片石可进行锯截加工和一定程度的雕琢，宜作山水盆景，形态风骨俊俏，皴纹生动，表现力丰富，常可表现峰、崖、峡、洞、礁岸、岛屿等多种自然景象。

## 二、山水盆景立意构思

从山水盆景的艺术创作过程出发，可把山水盆景立意构思的一般规律概括为以下三个阶段。

### 1. 观察

人们对客观世界的一切认识开始于观察。这里所说的观察有两个方面的含义：一是对现实社会生活和自然界山水景观的感性认识；二是特指对山石材料的感性认识。

通过耳闻目睹直接或间接地对现实事物的观察，把亲眼看到的和从书本上、电视上看到的桂林山水、苏杭美景、剑门雄关、北国风光、岭南景色等作为信息一一记在脑海里。这些信息日积月累，信息量不断增加，再经过长时间的提炼、升华，形成一种精细敏感的感受力和鉴别力，使盆景创作者在日常生活中对各种事物的感受经常有意无意地保持一种知觉的选择性，这种选择性主要表现在能够迅速地把反映对象的某种特性、特征等根据盆景艺术创作的特殊要求筛选出来，这就是平素人们所谓的盆景创作者的“慧眼”。在一般人看来只是平平常常的一块石头，而在盆景创作者眼里却是表现“太华千寻”山水盆景的好材料，如图5-2所示为靖江山水盆景。

图 5-2　靖江山水盆景

另一方面的观察，就是特指对各种各样石料的观察。很多有经验的盆景创作者都认为，石料由天然形态变为盆景艺术品之前，必须对原始的石料进行仔细的观察。观察程度决定了艺术造型的准确程度和生动程度，作品主题的确定无疑要从观察中实现。借用苏东坡的诗句“横看成岭侧成峰，远近高低各不同”，可以很好地说明观察的重要性。同是一块石料，由于观察角度不同，会导致不同的艺术造型呈现。因此，要善于观察，善于捕捉石料的天趣或自然特征。石料天趣或自然特征主要表现在山石的色泽、形态、动律、皴纹、质地、韵味诸方面。

**2. 想象**

想象是把通过观察得到的感性认识信息，在大脑中进行处理的过程。想象可以使人认识事物的本质和内在联系，想象可以使盆景创作者在广阔的范围内去反映客观世界，创造艺术形象。

山水盆景艺术创作中的想象远不如文学、雕塑等创作活动中的想象来得那么自由和不受限制，因为山水盆景艺术的想象往往离不开具体石料的形态，尤其是硬石料类更是如此。如看到峰峦奇突、高耸挺拔的石料，可能会想到桂林山水；看到低平而横长的石料，可能会想到江南平原山水；看到圆滑浑厚的溪水石，可能会想到烟波浩渺的远山景色等。

在实际创作中，想象有时是和对石料的反复观察同时进行的。在艺术构思不成熟、题材立意未定、材料取舍没把握时绝不能轻易、盲目、草率地动手。

**3. 产生灵感**

灵感在山水盆景创作的构思过程中，是盆景创作者在构思过程中所产生的强烈的创作欲望的表现。灵感以观察、想象为基础，是观察、想象的必然结果。盆景创作者生活经验、创作经验越丰富，想象力越丰富，获得灵感的机遇和可能性就越多。

在现实山水盆景创作中边观察、边想象、边制作的现象也是常有的，甚至在最后时刻突然改变原来的创作意图也不乏先例。因而，实际上观察、想象、产生灵感、制作是错综复杂地交织在一起进行的，有时一个特大的山水盆景艺术作品，要经过长期的构思，要产生几次灵感才能完成。在此基础上，勾画出设计草图来，就可以进入制作阶段了。

## 三、山水盆景常见构图

构图是构思的种种要求，在实施技法过程中得以实现的过程，包括选盆、配石料、造型、种植、摆件等的规划安排、布置定局，最后构成一个完美优雅的景致，如图 5-3 所示为山水盆景的巧妙构图。

图 5-3　山水盆景的巧妙构图

构图分形式构图与情节构图两种。

（1）形式构图　就是解决“形”的问题。它是一种从总体外观到具体细部，运用形式规律来构成图像的方法，以形成一种特殊的形式感。当这种形式感和情节构图互为一体时，便会产生强烈的艺术效果，把所要表达的内容从形态中得到体现。

（2）情节构图　就是将作品需要表达的意思、需要说明的问题，通过形象化的物体传递出来。既然构图是研究“形”、解决“形”的，那就不仅仅是外表形式，而是要在形式中产生内容，将二者完整统一，作品才会出神入化。因此，了解并研究盆景中的构图规律，有助于对山水盆景的技巧和其他制作环节的理解、引用及提高，制作出具有个性特征的作品。

### 1. “L”形构图

“L”形构图主要用于传统式造型中，突出了主峰的高大挺拔、雄伟奇险。构图中主峰为竖，山脚、配峰为横，产生上与下、竖与横、大与小等多种对比变化。

**2. “S”形构图**

“S”形构图在中国画中被称为“之”字形构图，具有运动、深远、反复的特点，主要体现山脚的曲折变化及山峰之间的起伏节奏，使构图曲直多种层次、活泼富有变化。

**3. “C”形构图**

“C”形构图用于山水造型的平面空间上可增加山的前后距离，运用以近衬远的方法加强平面空间感。在立面空间上，山体采用“C”形构图使山更有力度，呈弩弓待发之状，深藏内力、传神达意。

**4. “V”形构图**

“V”形构图用在峡谷式和一线天中最能体现壁垒森严之感，是在深与险、高与雄上做文章。盆内空间虽然有所局限，但由于采用“V”形构图形成两山夹峙，使峡谷或一线天变得窄而深，画面表现出深奥莫测、景深意险、静中有动的艺术效果。

以上几种构图形式可以在一盆之中多方利用，切不可成僵死模式，从而破坏了整个构图效果。

## 四、山水盆景布局方法

山水盆景是运用移天缩地、以小见大的艺术手法，根据“一峰则太华千寻，一勺则江湖万里”的原则来造型和布局的。山水盆景以山为主，成功的石山必须是既具形态美和雄伟的山势，又有皱、瘦、透、漏之妙。“皱”就是要求石上表面有纹理，皱褶得有规律，不宜平滑；“瘦”就是要求石块稍长，顶端较宽有棱角，不宜臃肿；“透”就是指石块里面有大小孔道，互相沟通；“漏”是指石料要有孔隙，能够通气排水。我们在选择石料制作盆景时，是要根据石的特点来确定主题。如修直挺拔、呈悬崖峭壁的，可用来制作险峰；呈扁长形状的，可用来表现连绵不断的山峦；皱、瘦、透、漏皆备的，不但可作云峰、洲岛、土山，还可作独石欣赏。如何充分利用石的自然形态进行布局、组拼安排，有下面三种方法可供参考。

**1. 独石**

独石俗称孤峰，在盆内的左边或右边安置一块较大的石峰，另一侧放置一两块小石作岛屿，这样大山、小岛大小悬殊，各在其位，形成一峰异起于辽阔水面上的景致，此景蕴含深远，主题集中。这种石料以不用人工加工而自然形成的独石为佳，如图 5-4 所示为独石式山水盆景。

**2. 子母石**

在盆内设置两块一大一小的石峰，左右对峙，母石（主峰）突出，略偏于盆的任意一方，但不能立于盆的中央，这样母石在主位，子石作陪衬，子母石高矮不一，大小各异，宾主分明。两石隔水相望，遥相呼应，既对立又统一，既简练又符合天然山水的真实性。

**3. 群石**

这种石山状如“众如拱伏，主山始尊”。盆内群山由几座较大的石山组成，群石中的主

图 5-4　独石式山水盆景

山必须摆设在重要的位置上，其体积、高度要占绝对的优势，在拼接山石时，主景要突出，宾主有别。如制作“品字”形的石山群，首先选其中一块最高大的石块为主峰，布置在靠近盆中央稍后的位置，其余各石，围绕主峰，依次排列在左右较前的地方。这样山石层叠，穿插联络，丘壑森严，深厚自然，一幅层峦竞秀、清水涟漪的立体山水画犹置眼前，如图 5-5 所示为群石式山水盆景。

盆中诸景既要富于变化，又不宜过于人工斧凿，要符合自然山水的气势。山有高低、远近，坡有陡缓、长短，峰有高峻、奇险，峦有圆浑、宏伟，崖有峭险，洞有大小，岸有曲折，树有疏密参差，草苔有秀丽疏落，山水盆景的一峰一峦，一山一水，一草一木都是举足轻重的，要全盘考虑，马虎不得。如果能“搜尽奇峰打草稿”，制作起山水盆景来，胸中有千山万壑，自然能够达到完美的境地。

图 5-5　群石式山水盆景

# 第二节 山水盆景的制作及养护

山水盆景，顾名思义是以山石为主要素材，经过精心地选择、加工、修饰，在咫尺盆里展现真山真水的自然景色，展现悬崖绝壁，险峰幽壑，翠峦碧涧等山水风光。

## 一、制作山水盆景常用石材

凡野外风化自然且有形的山石，或能人工改动造型的石头，或大小适宜、可制作盆景的石料，均可收集做山水盆景。自然有形的各种硬质石料如石灰岩、海滩礁石、山溪卵石等，还有变质岩中的风蚀石、火山熔岩及软石类中的珊瑚石、浮石等。

### 1. 软石类石料

可手工锯截、人工雕琢造型，往往作为初学者的入门材料，也是能精雕细刻出精品的材料。该石种吸水、持水性强，有利于栽种植物，缺点是易破损、易风化。近几年使用的软石类石种叶蜡石用于刻制山水造型可谓上好材料。常见软石有以下几种。

(1) 海母石　又名六射珊瑚，产于热带、亚热带浅海中，是珊瑚骨骼遗体形成的生物化石。洁白细腻，硬度1.5级，极易雕琢，适宜“工笔型”精雕细刻。海母石盐碱性重，作品完成后要放养在淡水中“淡化”方可栽种植物。产地为福建、广东、广西、海南、台湾及西沙群岛、南沙群岛。为保护海洋生态环境，不可破坏珊瑚群，一般收集利用被风浪冲上沙滩的海母石。

(2) 砂积石　又名灰华、泉华，产于石灰岩质流水充沛地域，有管状、粉砂状等，颜色有米白、土黄、砖红、土褐等，其中质细密者适宜精雕细刻，质粗犷者适宜制作怪石式等造型，如图5-6所示为砂积石。产地为江苏、浙江、江西、安徽、四川、贵州、云南、广东、广西、福建、湖北、湖南等。

图5-6　砂积石

（3）鸡骨石　又名含铁硅华，代表性的鸡骨石以色、纹状如鸡骨髓而得名。其他还有白、灰、土黄等色，结构纹理状如国画中的乱柴皴，会构成不规则网格，且有粗纹、细纹之分。有的能浮于水，可雕刻造型，尤适宜屋顶花园叠假山；有的硬而重，表里不一，不便雕琢，但可选天然有形者组建盆景。产地为江苏、江西、河北、安徽等。

（4）浮石　又名沸浮石，是火山喷出物。该石疏松，内外充满细微小孔，因不论大小均能浮于水面而得名。硬度 1.5 级，小刀可刻，适宜精雕细刻，且极易滋生绿苔。颜色有灰、黑，少数呈粉红、米黄、银灰等。产地为东北黑龙江德都、吉林长白山等火山周围。

（5）玄武岩浮石　该石属岩浆岩，主要成分为二氧化硅，是火山岩浆冷凝时其中的气体逸散后形成的岩石。里面有大小不一且密集的气孔，有的能浮于水面，质硬而脆，可以凿刻，适宜粗放型怪石造型；有的气孔少、重而硬。颜色有黑、绿、棕红、褐色等。产地为吉林、黑龙江、云南等。

**2. 硬石类石料**

由山的表面岩石经长年物理、化学、生物等作用从大变小、从整到碎，逐步风化形成。硬石不易改造，只取天然有形态、体积适宜者，经选材、构思、锯裁，组合成造型。每种硬石有各自的特性、纹理、颜色等，选材制作时务必要求统一。

硬质石料种类比松质石料要多，其中大部分是碳酸钙形成的岩石，质地坚硬而重，不吸水，也难以加工。但硬质石料大多具有独特的纹理、色彩、形态、神韵，是制作山水盆景的上乘石料。硬质石料既可作大中型山水盆景，也可作小型、微型山水盆景，用途广泛。常用的硬质山石有以下几种。

（1）斧劈石　简称劈石，属页岩类，有浅灰、深灰、灰黑、土黄、土红等色，有的灰黑色石中夹有白色条状岩石，称雪花斧劈石。斧劈石的纹理挺拔刚劲，表里一致，质地坚硬而脆。多呈条状或片状。斧劈石适合表现险峰峭壁、高耸入云的巨峰，如图 5-7 所示为斧劈石盆景。斧劈石中还有一种质地较软者，可用钢锯锯开，也可用钢锯条断端在山石上划刻纹理，这种质地较软斧劈石石块较小，适合作小型、微型盆景。斧劈石主要产于浙江、安徽、贵州、江苏等省。

图 5-7　斧劈石盆景

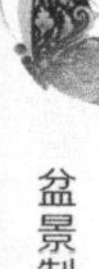

(2) 龟纹石　是石灰岩的一种。石灰岩表层长期裸露于自然界，因受日晒雨淋、自然侵蚀等，岩石不断胀缩，造成岩石表面相互交叉的裂纹，形成似龟背纹理状的岩石。龟纹石有深灰、褐黄、灰黄、灰白等色。龟纹石质坚而重，吸水性能差。龟纹石体态古朴、气势非凡，具有自然情趣，是人们喜爱而常用的山石之一。龟纹石适宜制作小中型山水盆景、树石盆景、水旱盆景的水岸线，如图 5-8 所示为龟纹石山水盆景。龟纹石主要产于四川、湖北、安徽、山东、北京等地。

图 5-8　龟纹石山水盆景

(3) 木化石　又称树木化石，学名硅化木。木化石是古代树木因地壳运动被埋入地下。经过几千万年或数亿年的高温、高压硅化而成。形似树木纹理，实是化石。木化石质地坚硬而重，不吸水，难以锯截雕琢加工。制作山水盆景，多选取自然形态优美的木化石，巧妙搭配组合而成。木化石有浅黄、深黄、灰棕、灰白等色。因树木种类的不同，木化石的色泽、纹理也不相同。产于辽宁省义县、浙江省永康市、重庆市永川等地。

(4) 千层石　千层石是沉积岩的一种，深灰色或土黄色。中间夹有浅色层，层中含有砾石。外形凸凹不平，石纹理横向，形态奇特别致。千层石质地比较坚硬，不吸水。常用千层石制作成表现沙漠风光的旱石盆景，或用于树石盆景的配石。产于浙江、河北、山东、安徽、北京等地。

(5) 英德石　简称英石，因产于广东省英德地区而得名。英德石是石灰石经过长期自然风化、侵蚀而成。英石多为黑色或灰色，有的间有白色或浅绿色石筋。英石质地坚硬而重，不吸水，多数有正背面，正面风化得好，纹理清晰，体态嶙峋，背面较平淡。制作小型山水盆景时要慧眼选石，因英石质脆不能雕琢，所以要挑选纹理沟槽明显的长条状石，经锯截、拼接、胶合而成盆景。

(6) 燕山石　近 20 余年来，在北京市房山区发现一种硬质山石，其原始山石基本都是浅土黄色，石的纹理不明显，但在稀盐酸溶液里浸泡片刻就会显现出优美多变的纹理。纹理多呈大小、疏密不一的弧形。燕山石（图 5-9）属沉积岩类，埋藏于地下数米的黏土中，产量不多，用途广，上乘佳品不易得到。燕山石多呈不规则的片状，自然石块长度 10～30cm 居多，非常适宜制作小型山水盆景。

硬质山石除前面介绍的几种外，比较常见的还有沙片石、灵璧石、钟乳石、石笋石、鹅卵石等。

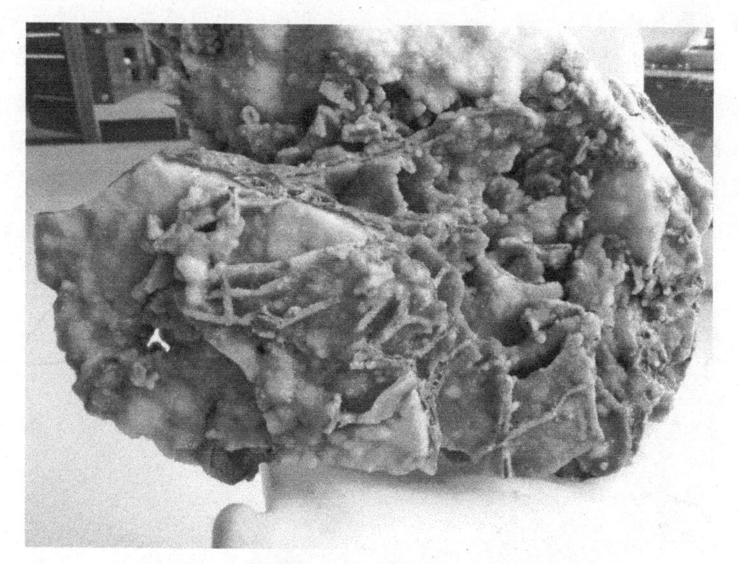

图 5-9 燕山石

## 二、山水盆景的选材方法

制作山水盆景需到各地收罗奇异山石，其中的佼佼者可独立观赏，若混用于群山（石）中会埋没它特有的韵味，甚为可惜。

### 1. 形

形是首要追求的条件。外形可以决定山石体貌特征、性格品质，对任何石种而言，“形”均为首推。形分为体形美（外形变化）、体态美（石身大小及自身对比）、轮廓美（石六面各角度情况）、线条美（表面纹理皴纹之美）、比例美（前后、左右、上下之间的融洽美）、动态美（有趋势、有倾斜动态等）几方面。

### 2. 神

神为山石气质所在，俗称“派头”，是抽象的、内在的、含蓄的，要靠想象去领会与感悟。一方好石必须形神兼备，当然从山石外表，如体态的大与小、姿势的动与静、线条的刚与柔、轮廓的简与繁、石肌石肤的润与粗、纹理的粗与细、褶皱的密与简、色泽的亮与暗、质感的嫩与老等也能反映出一定的力度，显示出一定的精神气质。

### 3. 色

色是选供石不可缺少的另一条件。色要天然不褪者为上等，人为腐蚀、熏染的次之。好石需具有自然的丝绢光泽且柔亮，不少古石经历代人为的抚摩或人养就会产生出如此亮泽，称包浆（酸蚀“包浆”者无明暗深浅，亦不足为贵），若靠油、蜡抛光者次之。

### 4. 纹

山石由于化学成分和地理区域的不同，受风化作用会形成表面皱纹或内藏花纹，如英石的皱、雨花石的润、黄河石的纹等。这其中更有某些山石具天然山水、花鸟、人物、文字等奇巧内容，这些都是珍贵的收藏品。

**5. 韵**

某些山石富有韵味，如太湖石中的响铜石敲击有铜锣声，灵璧石抚摩有金属余音，漂石浮于水面而质坚润，响石摇动石身内有沙声、水声等，这些山石有的外形并无特异之处，但却有个性，韵味十足。

**6. 质**

质为当今普遍崇尚的条件，质越硬越好，越能达到宝石级，枯涩的石差、滑润的石好便是此理。如二氧化硅含量高的木化石（新疆、内蒙古的风蚀木化石）、风蚀石，广西的大化石等，它们的观感、质感、手感极佳，很难用物理、化学方法去改变它，具有原汁原味，是赏石界所追求的。

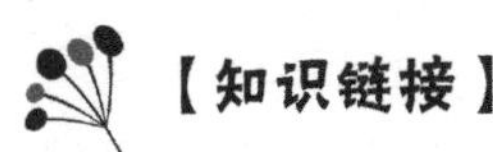


**“洞窍玲珑”的洞穴**

洞穴一般用在某些特写山水或怪石奇岩的造型中。作为一个“虚”的处理手法，洞穴主要用在软石加工中。

所谓洞穴，穿透山石者称“洞”，不透成深坑者为“穴”，统称洞穴，是山水盆景中的一个观赏内容，有时也可成为观赏主题。洞的构造分为洞口、洞壁（洞身）、洞底。洞口是视线首先到达之处，造型时应避免正圆、整方等单调形式；洞壁是洞口的延伸，不能直来直往，要有弯曲、宽窄、层次等变化；洞底或明或暗，半露半藏，以显出洞的变幻莫测，使人感觉有深度与厚度，采用的是小中见大的手法。山洞的具体加工应从相对两侧稍偏角度入手，对琢通过，这样一方面有洞的弯曲，另一方面不易琢断山石，如果只从一个方向钻琢，洞处于直线中，一目了然、缺少回昧。

如果山石要用多个洞穴表达意境，就要做到“洞窍玲珑”，洞与洞有主次、聚散、大小、深浅等变化，既不影响山石强度，又不损坏山石“性格”。

## 三、山水盆景的锯截

锯截是一种从体积过大的石材中进行取舍的方式，保留需要的部分，去掉不适合的部分，可确定石材的高度，也能将石材底部锯平，以便使石材能稳稳地立在盆中，如图 5-10 所示为锯截后的广西山水盆景。

锯截最关键的是找到最佳的锯位，锯位找对了才能获得形态绝佳的石材。锯位的确定首先要根据构图要求，决定主峰高度。根据主峰高度与盆的大小关系，在锯截前要仔细观察，找出最佳的锯位，划出一条合理的锯截线。

图 5-10　锯截后的广西山水盆景

**1. 硬石**

有的石料在不同的部位有不同姿态，可对不同部分进行基本造型后分别切开，以便更好造型，节省石料；还有些长条形的石料，可将其一分为二，一大一小，一高一矮，高者为近峰，矮者为远山，如斧劈石、石笋等。

硬石的布局和锯截是同时交叉进行的，先立主峰后配客山，边锯边布局边修改调整，使之高低、前后、大小、厚薄、宽窄符合构图布景要求，待锯截完毕，造型即完成。

**2. 软石**

锯截前先把疏松的杂质仔细削除、洗清，露出材料的真面貌后再考虑正侧、上下、高低等关系，划线剖开，并从锯面上了解山石的内在结构，作为创作加工时的参考依据。

锯截中为了确保石的姿态，除了合理的划线、得当的锯截外，习惯上近景锯截角度要前倾（向侧前方倾斜），远山可垂直（以山的中心线或山后的边线）。

石料过大必须劈开才能使用。大多石料并非面面都符合要求，因此就需要一个去粗取精的锯截过程。无论是硬石还是软石，山石底部与盆面接触的部分，一定要相互吻合，才能保持平稳，这也需要通过锯截才能达到。在锯截时，松质石料使用园艺手锯，硬质石料用钳工钢锯或用钢片加 80 号金刚砂掺水慢慢地锯。有条件的可安装机动金刚砂锯片进行锯截。有的石料还可用斧头或其他工具劈截。

施锯之前，要细细推敲下锯的位置，可在下锯处画线，依线施锯。山石凹凸不平，画线不易划准，可将石料下部浸入水中，使水面刚刚浸到下锯处，在水面的浸渍线上画一条线。按照这种方法画线锯截，可以锯出平整的石底截面。

在锯截时，锯要拿稳，动作要慢，不可随意晃动，以免锯截位置不准，也可避免折断锯条。宜轻推慢拉，注意保护截面的平整，防止损坏边角。锯截时常因锯割发热而使石料膨胀碎裂，为防止碎裂，锯时要不断加水冷却。有些硬质石料，特别是大块的，锯截比较困难，可用加热法分开。即先将石料放在火上灼烧到一定温度，迅速离火放在地面上，立即向石料上泼冷水，就可使石料裂开。这种方法裂开的石料，一般是从自然纹理处裂开的，所以呈自然之态。在操作时注意灵活掌握灼烧时间。墨石不可用这种方法，墨石受热后会变白。

（1）小块石料的锯截　小块石料锯截时，从一个方向下锯，能一次锯下来。松质石料可用手拿固定进行锯截。硬质石料不易施锯，稍不注意就会断裂，应进行绑扎施锯，特别是易断碎的部分，最好用厚布、棉纱包住再固定。

（2）大块石料的锯截　大块石料因锯截面太大，不能从一个方向一次锯下，要转动一定角度，顺着原锯缝继续进行锯割。在锯截同一盆景石料时，要考虑石料的纹理与锯截面的角度。先确定主峰，再考虑客峰。对于有些规则性的石料，锯截时尽可能地顾及锯截两端都可利用，如果不能顾及，要最大限度的保留好的一端。对于不规则的石料，要仔细观察，要从中发现石料中所包藏的山峰丘壑，从而从不同的角度施锯，便可得到大小不等、形态各异的石料，量材取用，可作峰、峦、远山等。锯截后的石料，如果底部平整度没有达到要求，可用斧头或其他工具削平，也可用砂轮篦平。

## 四、山水盆景的雕琢

山石经过锯截后，便可以进行雕琢加工。雕琢时，先用平口凿凿出峰峦丘壑的大轮廓。这一步很重要，影响到整个山石形态，最好一气呵成。开始加工时，不要多着意细部，大形定好后，才可进行细部加工，雕琢皴纹，如图5-11所示为雕琢后的山石。

图5-11　雕琢后的山石

### 1. 整体雕琢

用浮石制作山水盆景，山峰上的纹理基本都是雕琢出来的。雕琢应先轻轻雕琢出纹理、沟槽的大体轮廓，再雕琢至理想程度。雕琢时至少雕琢山石的三面，即正面、左右两面，能雕琢山石四面当然更好。雕琢时还要注意，制成盆景后，距观赏者近的山石处的纹理要粗而深，远处山石上的纹理要浅而细，方显自然。

### 2. 局部雕琢

制作山水盆景的山石大部分有纹理或沟槽，局部需雕琢，如芦管石多数有自然的纹理以及沟槽，但锯截面比较平整，不够自然，这时就要对锯截面进行雕琢。

有时在松质山石的局部要加工出较深的沟槽，呈有一定弯曲的自上而下的走向，可用废弃的钢锯条进行加工。

为了日后在松质山石上栽种小树木和小草，常在山峰中下部雕琢出大小适宜的洞穴，雕琢时用力要轻，不可急躁。

### 3. 软石雕琢

首先要根据腹稿或设计图样，先用小斧头平口凿子凿出轮廓，这时只要求雕出山石的粗线条和大体形状，操作时要一气呵成。在表现某一地貌时，必须抓住该地貌中的不同的轮廓特征并真实地加以突出表现，可以较逼真地塑造出那种地貌所特有的山形。

皴纹的雕琢应在轮廓加工完成之后进行。如果石材原有的自然石面有着较好的皴纹，应尽量保护自然的石面与皴纹。对于只有少量自然皴纹的石块，可仿照自然皴纹进行雕琢，使整石块具有完整的皴纹，而不必毁掉自然皴纹雕凿另一种皴纹。人工雕琢皴纹要繁简适当，太繁则显得做作，太简则石面笨拙平庸。皴纹的雕琢深度要有变化，主纹深，侧纹浅；山凹处纹深，山嵴上纹浅。从皴纹的断面看，分布多为V形断面，少数应为深槽形。皴纹的断面一般不宜呈现U形。皴纹在石面的分布应该是多样化的统一。有统一的线形特征，又有变化多端的分布特点，与自然皴纹的分布情况尽可能相同。

### 4. 硬石雕琢

硬石雕琢有一定的难度，一般选石花费的时间较长，常常不雕刻或把雕刻当作一种辅助措施。雕琢工具用钢凿或小山子，雕刻起来用力要适度，凿子须随自然皴纹移动，慢慢进行，不可操之过急。

一般情况下，石料加工只侧重观赏面，但也要考虑到侧面。山体背后大多不加工，如要四面观赏，就必须四面加工，做到“山分八面，石有三方”，总之要雕出立体感来。植物种植槽也应在雕刻时考虑进去，多留在山侧凹陷部位，或在山脚乱石、平台之后，也有留在山背面的。

## 五、山水盆景的组合胶合

一块或几块山石，根据立意构图的需要，进行锯截和必要的雕琢之后，需将山石进行组合。如在山石锯截或雕琢过程中，对山石的结构估计有误，很难加工出预想的形态。

**1. 组合**

（1）软质山石的组合（图 5-12）以浮石为例，选一块基本呈椭圆形的浮石，观石后立意构图，制作一个平远式山水盆景。根据构图将浮石锯截成大小不等的几块小石。然后雕琢成构图需要的形态，根据立意构图组合好的画面。

图 5-12　软质山石的组合

（2）硬质山石的组合　以斧劈石为例，斧劈石多呈长条片状，纹理挺拔刚劲，表里一致，用斧劈石制作盆景，选好山石后，只需锯截即可，不用雕琢。

**2. 胶合**

山石锯截、雕琢之后，山石上附有小碎石或粉，小块山石放入水中洗刷最好，大块山石先用铁刷再用毛刷刷洗干净，然后用水冲洗一遍，以增加胶合的牢固度。

胶合山石使用的黏合材料最常用的是水泥、细沙、自来水、107 胶水。根据山石不同色泽加入适量颜料，使调和好的水泥砂浆色泽尽量与山石色泽接近，如图 5-13 所示为硬质山石的胶合。

图 5-13　硬质山石的胶合

山水盆景胶合方法是根据立意构图，在事先选好的盆内胶合。为不使山石和盆面粘住，胶合前先在盆面铺1～2层纸，用少许水浸湿贴于盆面。胶合牢固后，再配大小、宽窄适宜的盆钵。

胶合时的顺序：先确定主峰的位置，将主体组（主峰所在组）峰峦坡脚胶合好后，再胶合客体组的峰峦、坡脚。胶合时一定要特别重视坡脚小石的处理，坡脚小石不大，但在山水盆景中表现意趣的作用却不小。为使盆景自然、虚实得当，在盆面上疏密、间距不等放置几块大小不一的点石，等胶合牢固后，去除盆面纸张。

硬质山石在胶合时要注意留出大小适宜的洞穴，以备日后栽种植物。为使所留洞穴空间胶合时不被水泥砂浆侵占，最好在胶合前，用纸包裹湿泥放于洞穴，等胶合牢固后再将纸和泥土挖出。山石胶合好后，在胶合的水泥砂浆上撒锯截时掉下的山石粉末，使胶合处的痕迹不太明显。胶合几小时后，放荫蔽背风处，每日向山石喷水2次，因为水泥凝固过程中需要一定的水分。凝固阶段不要搬动或震动，以免影响胶合效果。

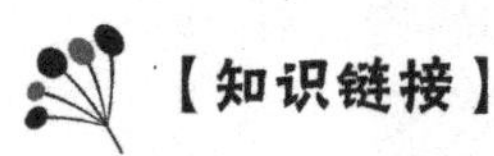


## 巧做文章的山脚

盆景作品的许多“文章”“情节”都是在山脚的变化中体现，如“浅岸畔平滩、深涧则陡崖直下、水急则礁石嶙峋”等。另外，山脚曲线露、迂回、虚实、大小等对比变化是使画面清新活泼而又含蓄幽深的环节，安排得好会让人回味无穷。山水盆景属全景式构图，山脚成为画面必不可少的内容。如果一盆作品中没有大大小小的山脚配合，上下间就缺少过渡，无呼应联系，主峰及主次配峰会状如“插桩站石”，缺少根基，无法吸引欣赏者视线。但山脚多了也不行，画面会显得散乱、不紧凑，使重心过分下移，影响构图美观。

远山山脚着重在“秀”与“变”上做文章，近山山脚在简洁、明快中注重探索。不论何种构图形式，山脚都要避免左右两石的对称，包括各自线条、体态上的近似。大型作品山脚山石数量相对较多，相互间更接近也更易产生比较，因此就要使山脚的每方山石都不同，既有对比又统一在主题之下。

## 六、山水盆景的配植与点缀

要想制作精美的山水盆景，一定离不开植物的合理配置与细节上的巧妙点缀。

### 1. 植物配植

配植植物的种类以株矮叶细的为好，木本和草本均可，如图5-14所示为山水盆景植物。在山石中种植植物，有一些技术问题要解决。种植穴是在雕琢或胶合等过程中制作的。种植穴的结构一定要合理，要适合山石的造型。种植穴有开放式和封闭式两种。

(1) 开放式种植穴　口大底小，适用于硬石类不易加工的石材，一般设在山峰的背面、侧面或缓坡之上，不宜设在山峰正面显眼处。穴位的周缘可用铁丝做成Ω形，用泥胶牢固，用来扎缚树根或捆扎棕包。根团小的植物，可把一部分粗根紧紧地扎在穴位周缘的铁丝上，然后贴泥土埋住根，土面用苔藓掩饰。

图5-14　山水盆景植物

(2) 封闭式种植穴　与开放式不同，是口小腹大的罐状，适用于容易雕琢的软石，可设在山峰的正面。由于口小，种好植物后不现种植穴，植物也栽得稳当，不易倾倒。

封闭式与开放式种植穴除了由雕琢造出，还可以用小石片拼接围成。不论用哪种方法，也不论是硬石还是软石，种植穴下部都要留出排水孔，以排出多余水分，利于植物生长。

在有些山水盆景中，种植穴位置较高，或者石质脆硬妨碍吸水，造成植物经常性的供水不足，不能正常生长。为了解决这一问题，可在山上安装吸水芯，用棉纤维等吸水强的材料，卷成松紧适宜的铅笔粗的芯作吸水芯。吸水芯的下端垂入水盆中，上端从山峰上部种植穴的排水孔钻到种植穴内，填土压实。利用吸水芯的吸水作用，盆水可不断地被吸到种植穴的培养土中，并且保持均匀的持续供水，省去管理上的许多麻烦。吸水芯要装在隐蔽处，可利用山石的孔道或石面的深槽安装，最好外面不见吸水芯。

在种植穴内栽种植物的方法是：选用适当的植物，根据种植穴的大小把根部泥土与一部

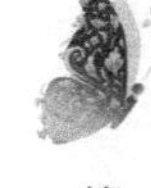

分根去掉，收缩根部于穴内。然后让根舒展开来，摆放植物，在穴内填进培养土，用竹签把土插紧实，土面用苔藓覆盖起来，最后浇水透底。在封闭的种植穴上栽植时，可把根土多剔掉一些，余土用水浸湿，收缩根部，并拢成一束。再用细铁丝的头固定在植物茎干上，从上往下绕几圈，把根系绕得更紧密。然后将铁丝的另一头穿入种植穴，从排水孔下穿出，拉下铁丝根系束到种植穴内。最后松开固定在茎干上的铁丝，把铁丝从穴中抽出，根系即可在穴内舒展开来，填土种苔浇水方法与一般种植穴栽种时相同。

用棕包种植植物是山水盆景的常用技术。棕包的制作方法为：把棕片摊平，抽出上面的硬梗，再把植物根部放在上面，在根四周加上培养土。然后用棕片包起根部和培养土，稍稍捏压紧实，向内卷进棕片边并扎紧成球状，即做成了棕包。把棕包靠贴在山峰背面的种植穴里，用细铁丝紧紧地扎在种植穴周缘预埋的铁丝环扣上，再从上面对棕包浇水，种植就完成了。

山水盆景植物的种植时间全年均可进行，但以树木落叶后至发芽前或夏天雨季最好。在夏季种植时，要避免阳光直射，在阴凉通风处进行。并且种好之后要精心养护几天，经常对植物喷水以保持湿润。冬季种植时，要注意在避风温暖处进行，注意防冻。新制作的山水盆景最好在清水中浸泡两三天，除去水泥的大部分碱性，才能栽种植物，特别是一些碱性石材，如海母石等，更应如此。在海母石等山石上种植植物，还应选择耐碱性植物种类，如锦鸡儿、真柏、柽柳、榔榆等。其他石材无明显的酸碱反应，可以选用多种植物栽种。

**2. 点缀配件**

山水盆景的主要造型材料是石头，除石头以外在盆景中还有很多造型材料。这些造型材料在盆景中被通称为点缀物。点缀物包括盆景中的植物（草、花木、苔藓）、人物、房屋（图 5-15）、牲畜、道路、桥梁、舟船、竹筏、亭、塔、楼阁、庙宇等。

图 5-15　山水盆景房屋的配置

如果要表现名山大川，一般宜选用古典式的亭榭、楼阁、茅屋、小桥、帆船、宝塔以及人物配件；如果要表现某风景区的风光，须选用该景区的特色配件，如镇江金山要有寺塔，扬州瘦西湖要有五亭桥等；如果要表现某种时代的题材，则要选用与此人时代相适应的配件。

山水盆景配件点缀，应注意以下几点。

（1）意境　点缀的配件要和景物所表现的意境相符，才能提高盆景的观赏性，否则事与愿违。如“丝绸之路”盆景中，点缀两匹有人骑的骆驼，背靠主峰，眼望远方，给景物增色不少，有画龙点睛之奇效。

（2）大小　配件的点缀，除起画龙点睛之外，还能起比例尺的作用。配件适当地小，能衬托出山峰的高大；若配件过大，峰峦显得不太突出，形成喧宾夺主的画面。

（3）数量　在小型山水盆景中点缀配件，不可过多，有两件左右即可，大型盆景中可适当多点。

（4）位置　在盆景中点缀配件的位置很重要，桥多放置于水面两块礁石之间，偶尔也有放置山峰中部两石之间的，塔一般不置主峰之顶。常置次峰或配峰之上。

除上面提到的之外，还有一些应注意的，如配件的色泽不可过于艳丽，在表现当代盆景的作品中，可放置楼房、电站、火车、汽车等配件，以充分反映时代特色。

【知识链接】

### 山水盆景如何摆放

山水盆景都是在室内陈设的，也可摆放在庭园的过廊和屋檐下，不能让阳光照射，也不能淋雨，特别要注意防风，以防石倒盆碎。

摆放的高度以盆中的水面略低于一般人的视线为好。摆得过高则只见山峦，不见水面和山脚；摆得过低人们必将俯视，必然会失去山石高大雄伟的气势。背景应以洁净的浅色壁面为衬托，力求素雅，才能增强色彩的对比度，使盆中的景物更加突出醒目。家庭居室一般都比较小，因此制作时不要贪大求高，如果厅堂很大而摆放小型盆景，则显得滑稽可笑。

## 七、山水盆景的养护管理

如果缺乏科学管理，再好的山水盆景也会前功尽弃，因此，山水盆景的养护至关重要，主要包括以下几方面。

### 1. 盆面保洁

外养的山水盆景不论是移入室内布置点缀还是参加展览之前，都要进行一次大整修、大扫除，如图 5-16 所示为盆面洁净的山水盆景。在日常的养护管理中盆内不要盛水，即使浇水时流淌于盆内的积水也要马上擦干，以免生长绿球藻而影响盆内的洁净。为了防止雨后及浇水养护中产生积水，可在盆边放上细纱头一头在盆内，另一头悬垂出盆外，通过虹吸作用让水自行滴出。如条件许可，养护期间用磨石子盆、粗盆、损伤的盆，待展示时调入好盆中，这些是保证盆面清洁的基本方法。日常养护中不要用水直接冲刷，以防止土壤流失和污染盆面。树上、石上、盆内的枯枝败叶和污染杂质要及时清除，不然黄杂等色会渗透盆内无法清除，影响盆面洁净效果。放置、搬动山石要轻，不能撞击、磨损盆面。一旦盆内出现绿苔等污秽，可用去污粉、百洁布擦洗，必要时用铜丝刷、钢丝球清除，也可用细号水磨砂纸

仔细磨过，再用硼砂粉细磨，最后用上光蜡抛亮（必要时用草酸等洗净），这样旧盆可翻新。

图 5-16　盆面洁净的山水盆景

**2. 石身、树身保洁**

有的石种质地致密，石表光洁润滑，为了保持天然色泽，日常可用上光蜡保养，用油画笔蘸蜡均匀抹在石表，然后刷亮，可让山石“永葆青春”。平常可利用洒水机会适当喷淋，以去除石身、树身上的尘埃。注重了蜡（油）养、水养，山石就能无污垢杂物，滋润可爱，始终保持精美的色泽纹理，而树木苔草就可保持葱翠健康之美。

**3. 山石维修**

山水盆景搬动时如不慎损伤，时间长了山石会自然风化剥落分离，导致树木生长不良甚至死亡。除了修复损伤外，山脚和配峰的遗失、盆的更换变化等都与维修密切相关。及时到位的维修可以延长山水盆景的“寿命”，减少损失。平时要合理使用（如搬、运、放、藏要小心）、精心管理（保养），始终保证山水盆景的最佳面貌。

**4. 保持植物生长茂盛**

山石上的植物一年四季都能保持生机盎然、枝繁叶茂是最为喜人的。但植物生长在山石上，不利的环境条件严重影响了正常生长，所以日常的养护要从浇水、施肥、修剪、遮阳以及防寒等几个方面着手。

一般栽种植物的浅口盆盛水极少，在炎热的夏季，水分蒸发很快，因此要及时向盆内浇水，除把盆中水浇满外，还需用细水喷壶从山石顶部往下浇灌，可以使山石尽快吸满水，以利于植物根系生长；通过浇灌，也可冲去山石与植物表面的尘埃，保持干净。除了常浇水外，还可以用喷壶向山石植物喷水，效果也非常好。



栽在山石上的植物，因为泥土较少，生长条件较差，而又不能常常换土，所以为使其有足够的生长养分，就必须经常施肥。

肥料最好用腐熟的淡水肥，可以多加些水，稀薄的淡肥对山石上植物的生长有利。若是软质石料，则可以直接将稀薄腐熟的淡水肥施在盆中，让山石慢慢吸上去。若是硬质石料，就必须用小勺慢慢浇灌在植物根部，让其渗入到泥土中才行。施肥宜薄肥勤施，以春、夏生长季节施肥最好。

种植在山石上的植物，通常用生长成形、树势丰茂的为好，如图 5-17 所示为枝繁叶茂的山水盆景。但由于山石上泥土较少，养分有限，为了整个山石造型的协调及美观，就必须经常修剪。杂木类树种可剪去一些过长、过于茂盛的枝叶，如榔榆、雀梅以及六月雪等。若是松柏类，因其生长缓慢，则可以采取摘芽除梢的办法来控制其生长。若是五针松，则可在每年春季新芽伸展时，用手指摘除芽顶三分之一即可，不必予以修剪。

图 5-17　枝繁叶茂的山水盆景

杂木类的植物除了要修剪徒长枝之外，平时还可以摘除一些老叶，让其萌发新叶，使叶形更小，更具欣赏价值。

夏季强光曝晒，石料十分容易损坏脱落。强阳光下也不利于植物的生长，由于缺少土壤和水分，所以经受不住强光的照射。在夏季和初秋，山水盆景宜放在阴处或遮阴篷内。但同时又必须在浇水足够的情况之下，可以每天在地面洒水数次，以保持一定的湿度。

在我国北方地区，由于冬季气温都会降至零度以下，因此必须把山水盆景移放到室内，不能让盆中山石和水都结成冰。南方地区冬季气温通常都在零度以上，盆中山石和水就不会结冰，因此可以放在室外避风处越冬。

**5. 树木修剪**

俗话讲："三分做七分养。"一盆完美的山水盆景，完成造型只是暂时阶段，还得集中精力对树木进行修剪来控制形态，控制高度，维护好树姿、树势，增强抗性，延缓生命，提高观赏性。总之，修剪是为了提高山石中树桩的艺术效果，与山水融为一体。只有通过精心合理的修剪，才可保持高雅格调，调节长势，弥补造型的不足，提高开花率、坐果率、展叶率等。每次修剪前都要认真分析树石关系、如何修剪、达到什么目的，并能预见效果，明确后大胆落剪。

不同品种树木有其最佳修剪期，因此要了解树木习性，有的一年中要作多次修剪（包括剥芽、摘叶）。要及时修剪，一般情况下发现不尽如人意处马上修剪调整，始终如一地保证树木外形的完美与山石的协调。修剪时除了构图上的某种需要外，一般应该做到剪口平滑、不留残桩，必要时用刀削、凿刻，求得效果的完美。盆内树木修剪可说是一个漫长过程，绝不是靠一时半刻能“定局不变”的，每次修剪只代表这个阶段的完成，到了下一次又要进行修剪。即使山石上多年的老桩，一旦停止修剪，全局也将是杂乱无章。

# 第六章　果树盆景制作与赏析

果树盆景是获取自然界树木最美的部分，把偌大的果树树木“缩龙成寸”在小花盆中，使其既能开花，又以其独特的色彩、形态和风貌，展示于人们的居室、阳台、厅廊和庭院之中，极大地丰富了人们的文化生活。

## 第一节　认识果树盆景

盆景艺术是我国传统文化中的一朵奇葩，果树盆景是盆景艺术中的重要组成部分，它集观树形、赏佳色、品鲜果于一体，形、色、姿、韵均具有很高的观赏价值。

### 一、果树盆景的价值

果树盆景不仅可以用来欣赏，还可以摘果食用。那么，果树盆景究竟有哪些具体价值？

（1）作为礼品　果树盆景是沟通情感的理想媒介。现实生活离不开礼品，婚庆、开业、乔迁、庆典、寿诞、生儿育女等均有礼品馈赠，送盆果树盆景，不仅好看、好吃，而且还有文化品位，因为果树盆景都有特别寓意：比如葡萄树盆景寓意“生意兴隆”、苹果树盆景寓意“平平安安”（图 6-1）、柿树盆景寓意“事事如意”、石榴树盆景寓意“多子多福”、桃树盆景寓意“长寿健康”等。另外，还可以在果实上做文章，让其长出我们想要的文字或图案，比如“恭喜发财”“寿比南山”“开业大吉”等吉祥词汇，肯定人见人爱。

（2）作为艺术品　它是陶情冶性，体现主人情操、修养的良好载体，可为主人代言。盆景是最能体现个性的艺术品。主人是喜欢雍容华贵，还是文雅清高，一目了然。特别是亲手培育的果树盆景，寄情也真，用意也深，定可视物知人。

（3）作为装饰品　果树盆景以其美观的造型，充满生机的色彩作为装饰品摆放在室内，足以使人精神振奋，心情愉悦，缓解压力，消除疲劳，调剂身心。

（4）作为观赏品　果树盆景是节假日的广场、公园经常可见的观赏品，活跃了节日气氛，使人心情愉悦。

图 6-1　苹果树盆景

## 二、果树盆景的类型

果树盆景一共有两大类型，分别如下。

一类是历史传统中就有培育、较易结果、果树栽培技术应用较少的树种，如金弹子、枸杞、火棘、金橘、佛手等，称为“常绿果树盆景”。该类果树盆景的特点是：叶片小、枝条柔软、条件适宜时终年不落叶，树体容易造型，自身容易结果，培育历史较长，结果期和营养生长期树体变形不大，培育过程中果树栽培技术应用较少，果实不宜大量食用等。

另一类是现代果树栽培技术与传统盆景造型技艺相结合的产物。该类果树盆景的特点是：历史发展时间较短，自身不易结果，培育过程中应用果树栽培技术较多，叶片较大、枝条较脆硬、树体造型困难，即使给予适宜条件也很难终年不落叶，挂果期与营养生长期树体变形较大，果实可食用等。我们将这类果树盆景称为“落叶果树盆景”。所用树种多为常见果树，如苹果、梨、桃、柿子、山楂、葡萄、石榴等。

## 三、果树盆景的造型



### 1. 特色

果树盆景是以园艺栽培的果树为素材，按照盆景艺术的手法进行艺术造型和精心培养，在盆中集中典型地再现大自然果树神貌的艺术品。嫁接不仅作为繁殖方法，更是一种造型手段。通过嫁接，可使主干和骨干枝随弯就斜，辅以整枝修剪，按立意进行造型，并按照果树的技术要求，进行栽培管理，使果树盆景正常生长、开花、结果，既供观赏又可食用，成为园艺栽培与盆景艺术相结合的艺术品。也是人们喜闻乐见的一种造型形式。

**2. 树种**

果树盆景的树种主要以北方落叶果树为主，如苹果、梨、山楂（图 6-2）、石榴、桃、李、杏、柿子、枣树等；南方有火棘、葡萄、虎刺、构骨、佛手、金橘、代代、栀子、木瓜、九里香、胡颓子、荔枝、杨桃、番木瓜、花椒、杨梅等；草本有草莓、辣椒等。多采用浅盆栽植，单株或合株，树形不拘一格，树体多姿多态。强调主干是盆景的脊梁，重视支干的搭配，力求接近自然，注意果实的分布，强化美的感受。

图 6-2　山楂树盆景

选用梨、苹果、山楂和桃为主要树种的原因是耐修剪，能控制花芽的形成和结果部位，果实丰硕、色泽艳丽，品种繁多，挂果期长，特晚熟树种可挂果到春节以后，花果连绵，经冬不落，取材方便。

### 3. 果树盆景如何缩剪

缩剪又称回缩修剪，是指从枝条多年生部位剪去一部分。此法对整个树体具有削弱作用，可有效抑制树冠扩大。轻度缩剪指剪除多年生枝长度的1/4～1/5，且留壮枝，壮芽带头，可促进树体生长。重缩剪指剪除多年生枝长度的1/2～1/3，保留弱枝带头，抑制树体生长。苹果盆景等以中、短枝结果为主的树种，在幼树时期常采用先放后缩的促果、整形方法，即先轻、中短截，待基部分枝成花后再回缩至成花部位进而整形，从而达到早结果、早成型的目的。

## 四、如何欣赏果树盆景

果树盆景的欣赏过程，基本可分为4个阶段，即感势、认知、赏技、会意，简称四步欣赏法。

(1) 感势　盆景欣赏类同于绘画欣赏，所谓“远看势，近看质”是指先从全局上感受作品的整体气势，有一个总的印象。具体到盆景欣赏，其中包括盆景的体量（超大型、大型、中型、小型、微型），类型（落叶果树盆景类、常绿果树盆景类），布局造型（直干、斜干、卧干、悬崖、多干等），长势（强、弱），色彩，整体格调等内容，是观赏客体（盆景）在观赏者头脑中的初步反映，是第一印象。在这一阶段会给观赏者留下一个较为笼统的整体的感性认识，或清晰或模糊，或平淡或强烈，都应吸引观赏者继续走近去“近看质”，才能使这种感性的认识变成理性的欣赏。

(2) 认知　认知过程是第一步的延续，是观赏者调动自己积累的各种知识或通过询问他人对盆景进行鉴别、了解的过程，是要了解有关盆景的基本情况。其中包括对所用植物是哪一树种、哪一品种、适生区域范围、植物生长特性、常绿或落叶、造型难度、树龄大小、结果难易、果实成熟期、正常果形如何等系列相关知识的了解。当然，一般观赏者难以将相关知识了解得非常全面，但相关知识掌握得越多，对盆景的欣赏与品评就越客观、越深刻、越真实。

(3) 赏技　是分析、研究盆景的制作技艺的过程，是对盆景有了初步印象和相关知识的了解以后转而对盆景进行分析、鉴别的过程。其中包括造型是否符合自然规律，采用何种技法，如锯截、嫁接、弯曲、合栽、提根、雕干等；养护工作是否到位，有无特殊技法应用，如激素处理、花期和果期的控制等；所采用工艺、技法是否合理，处理结果是精致还是粗陋等。

(4) 会意　是指通过对盆景的观赏与分析，能够体会其所表达的某种主题思想，品味其意境和神韵，从而产生共鸣。会意是对前3个阶段的总结和完善，是盆景欣赏的最后阶段和最终目的。其具体内容包括感受精神内涵，对题名的解意，体味作品是否形神相符、情景交融，体味盆景的意境和情调等。盆景作者通过盆景这个媒介，与观赏者实现了情感上的交流。盆景作为文化产品的社会功能得以实现，观赏者才达到了观赏目的。

需要特别说明的是，盆景的欣赏过程是一个连续的过程，4个观赏阶段不能绝对割裂开来，有时这4个阶段甚至交叉、反复进行，才能达到理想的欣赏效果。

## 五、果树盆景如何施肥

果树盆景和其他植物一样，需要多种元素的供应才能正常生长，其中需求较多的营养元素有氮、磷、钾等大量元素和硼、锌、铜、铁、锰、钼等微量元素。为了保证果树盆景连年都有好的观赏效果，应该先了解肥料的特点和作用，并结合不同的树种合理施肥，才能达到理想目的。

### 1. 肥害的表现与防治

果树盆景的肥料供应，无论采用土壤追肥还是叶面喷肥，必须做到适肥、适时、适量、适树恰到好处的供应，否则极易造成肥害，如图 6-3 所示为生病的果树盆景。

图 6-3　生病的果树盆景

土壤施肥过量时，会因土壤中含盐量过大，影响根系吸收，严重时可出现渗透现象，使根系脱水死亡。

盆土黏重板结通透性差，连阴雨天盆底孔堵塞时，施入没有经过完全腐熟的有机肥或过

量的无机化学肥料时，所产生的有害物质能使较粗大的根系腐烂。此时，地下部表现为腐烂部分与健康部分的交界处以及根系的木质部和韧皮部间均有明显的浅灰与青黄色的界限。地上部表现新梢生长缓慢，叶色发暗少光泽，叶脉黄化，进而叶片脱落，叶柄支撑无力，新梢幼叶萎蔫下垂，严重时此现象可遍及全株。

为防止土壤施肥肥害的发生，在进行盆树施肥时，要注意所施肥料的种类、质量、浓度、数量以及天气状况等。在晴天的中午或闷热天、连续雨天不要施液肥。施肥量的浓度严格控制，不要施未经腐熟的有机肥。施固态肥料时，不能在局部施肥过多。另外，无论施用固态肥还是液态肥，不但应在施肥后的当天浇水，第二天也要浇 1 次透水，利于冲淡盆土内肥料发酵而产生的硫化氢等有害气体，有效防止肥害发生。

叶面喷肥后要随时注意检查，若叶片的叶缘或叶尖处出现肥料沉淀就是肥害的先兆，应立即喷清水冲洗，以减少肥害。

**2. 营养缺乏症状与防治**

（1）氮　果树盆景缺氮时，枝条生长短而细，停止生长早。叶薄小而稀疏，叶色淡绿，严重时出现红或橙色斑点，易早落。花、芽、果均少，抗病力降低。

防治：在盆树生长季适时地施入氮素化学肥料以及腐熟的有机肥，也可以用 0.2%～0.3%尿素溶液多次喷洒叶面。

（2）磷　盆树磷素缺乏的主要症状是叶片小，稀而薄，呈暗绿色，叶柄及叶背的叶脉呈紫红色，叶缘出现半月形坏死斑，老叶易早落。

防治：展叶后追施磷素化肥或含磷较高经腐熟的有机肥，并与叶面喷施磷酸钙相结合。

（3）钾　缺钾的症状是新梢基部叶片青绿色，叶缘黄化，甚至发生褐色枯斑，叶缘向上卷曲，落叶延迟。

防治：盆内增施草木灰或有机肥，生长季追施或喷施硫酸钾或磷酸二氢钾等。

（4）铁　缺铁的主要症状是叶片、叶肉失绿，而叶脉仍保持绿色呈网纹状，严重时全叶白化，叶缘焦枯，早落，新梢生长点生长受阻，枯梢现象发生。

防治：盆内增施 0.2%～0.5%硫酸亚铁或柠檬酸螯合铁等，也可采用叶面喷施或树干注射等方法，浓度一般为 0.2%～0.3%。

（5）硼　盆树缺硼的主要症状是新梢叶片黄化，叶柄、叶脉呈红色，早春发芽时，顶芽坏死，枯枝增多，开花、结果少，品质下降，果实凹凸不平，多呈畸形，外观变劣。

防治：增施硼肥，一般多在盆树发芽前和花期喷施 0.2%～0.3%硼砂或硼酸溶液 2～3 次。

（6）锌　盆树缺锌的主要症状是萌芽晚，叶片狭小呈舌状，病枝节间短粗，其上形成丛状枝。

防治：盆内增施和叶面喷施相结合，常用 1%硫酸锌溶液于早春未发芽前喷盆树枝干和生长季盆内浇施 0.3%硫酸锌溶液。

（7）镁　盆树缺镁的主要症状是较老的叶片叶脉间出现褪绿斑点，后扩大到叶缘，严重的叶片病斑黄色或褐色，易早脱落，果实表现不能成熟而早落。

防治：盆土增施钙镁磷肥和硫酸镁等含镁肥料，或用 0.1%～0.2%硫酸镁溶液叶面喷施。

（8）钙　盆树缺钙的主要症状是生长点受损，根尖和顶芽生长停滞，幼叶失绿变形呈现弯钩状，叶缘卷缩、黄化。严重时，根尖坏死，新叶抽生困难，果实发生水心病等。

防治：在盆树的新叶生长高峰期，叶面喷施0.3%～0.5%硝酸钙或0.3%过磷酸钙2～3次，效果显著。

## 六、怎样给果树盆景浇水

水是组成植物的重要成分，植物生存的重要因子。观果植物枝叶和根部的水分含量约占50%。观果植物体内的生理活动都是在水参与下才能正常进行。浇水过多或不足都直接影响观果植物的正常生长发育，所以浇水是盆栽观果植物日常管理非常重要的环节。

### 1. 土壤湿度

植株生长发育所需水分主要从土壤中获取。土壤湿度适宜时，植株水分供应正常，叶片不表现缺水现象，树体生长、开花结果、根系生长及果实发育均表现正常。土壤湿度过大，根系缺氧，呼吸困难，吸收水分功能相应衰竭，植株体内难以及时补充到所需水分，造成叶片失水、萎蔫、焦枯，甚至变黄脱落，影响枝、叶及果实的生长发育。土壤湿度过小时，水分供应不足，根系吸收水分量少，叶片蒸腾量大，呈现供不应求状况，使叶尖、叶缘失水变色，新梢萎蔫，果实失水皱缩、直至脱落，影响观赏效果。一般情况下，土壤湿度以盆土含水量60%～70%为宜。超过80%时对根系造成伤害，低于60%时水分难以满足根系吸收。可通过增加有机质，改善土壤结构，增强土壤保水能力，保证水分正常供应，从而满足盆树生长发育正常。

### 2. 空气湿度

空气湿度是指空气中水分的含量。主要影响盆树的蒸腾作用，从而影响根系吸水能力，使植株体内水分平衡失调。盆树生长的适宜空气湿度为60%～70%。温度高天气干燥，空气湿度小，叶片蒸腾过于旺盛，致使蒸腾量超过根系吸水量，植株水分平衡被破坏，造成叶片、新梢萎蔫，缩短花期，影响授粉受精，并导致果实萎蔫。长时间空气湿度不足时，可采取人工措施加大空气湿度，保证植株水分正常供应。空气湿度太大时，导致病虫害发生，易造成盆树生病，使叶片、果实受病菌危害，促进果实早期脱落，失去观赏价值。此时，应注意加强通风，减小因空气湿度大而造成的危害。

### 3. 不同生长时期需水量

盆内植株在生长发育的各个阶段对水的需求量不同。盆树萌芽前后是根系生长旺盛时期，此时期不需要较高的土壤湿度和空气湿度，对水需求不甚严格，盆土不宜有过多水分，否则易使根系呼吸困难，不利于新根生长。花期干旱或水分过多均不利于花粉发芽和花粉管伸长，易引起落花落果，坐果率降低。随着开花结果、新梢生长量加大和温度升高，需水量逐渐加大。盛夏时节温度高，植株生长迅速，需水量最多，对缺水反应敏感，应注意盆内植株水分供给，不然会减弱树体生长，果实因水分不足影响发育。花芽分化期需水量相对较少，水分过多易引起营养生长旺盛，花芽分化量减少。成熟期供水过多或缺水干旱均易造成果实开裂和落果。进入休眠期需水量最少，但是不要放置不管，需要定期检查，防止缺水抽条。

不同环境条件下需水量也不一样。高温、干旱、长时间日光照射、多风时需水量较大。气温低、阴天、雨天、日照少时需水量较小。

**4. 抗旱性与耐涝力**

果树盆景的抗旱性和耐涝力因树种不同而异。桃、石榴、杏、无花果等树种抗旱力强，其原因在于这些树种本身需水量少、叶片小、角质层厚、气孔少并且下陷、渗透压较高。苹果、梨、柿子耐旱力中等。

葡萄、梨、柿子等树种具有较强的耐涝性，是因这些品种具有强大的根系吸收功能，缺氧时仍能正常呼吸，将较多的水分供给植株。柑橘（图 6-4）耐涝力中等。桃、无花果等树种耐涝力最差，受涝后表现枝叶生长速度加快，含水量加大，使叶片变色、萎缩、干枯。这是因为不耐涝树种生理功能旺盛，对水涝反应敏感所致。

图 6-4 柑橘盆景

另外，果树盆景的耐涝与否，与水中含氧状况和气温、土温有关。在盆内缺氧的土壤中，枝叶表现凋萎。缺氧较少时，不出现凋萎。气温、土温高时，抗涝能力下降。因此，在进行果树盆景生产时，应注意调节盆内水分与空气湿度，降低因人为造成的干旱和涝害。

#### 5. 叶面喷水

春季气温上升快，空气干燥而多风，向叶面及周围适当喷水增加空气湿度，降低叶面粉尘污染，提高光合作用利于盆树正常生长。夏季对抗旱能力差的品种注意叶面及时喷水，可减少蒸发量，降低树体温度，防止幼嫩组织焦枯，促进生长发育。连续阴雨时，枝叶生长快，叶片幼嫩，经不住阳光的突然曝晒，易形成日灼。因此连雨后骤晴时，需要给叶片喷水，使其渐渐适应强光照射。秋冬季放入室内延长观赏期养护的果树盆景隔几天喷一次水，使叶片光亮清洁，增加光合作用，促其冬季生长正常，延长观赏期。

#### 6. 水质

水质是果树盆景生长的重要因子，它的优劣直接影响其生长发育。水质较硬时，其内部含有较多盐类物质，会使植株叶面形成褐斑。软水对果树盆景生长有利。井水和自来水的水质较硬且气体含量低、温度低，需将其放在容器中存放一段时间，使水质变软，气体量加大，水温升高后再用来浇灌果树盆景。雨水、雪水、无污染河水、湖水都可用来浇灌果树盆景。

#### 7. 水的酸碱度

水的酸碱度也影响植株生长，用偏酸或偏碱的水来浇灌盆树时，都不能正常开花结果。即使在盆土酸碱度适宜的条件下，长时间使用含碱量较高的水来浇灌盆树，也会使盆土碱化、土壤板结。在实际生产中，常用的解决办法是用硫酸亚铁或硫酸铝来调节盆内水分酸碱度。

## 第二节　果树盆景制作及养护技巧

目前用来制作盆景的树种在200种左右，以果树类树木最受人们的青睐。我们已经知道了果树盆景的常见知识以及如何进行养护管理。现在，就让我们亲自动手实践，制作一盆美丽多姿、硕果累累的果树盆景。

### 一、石榴盆景制作及养护

石榴属石榴科石榴属，落叶小乔木。石榴有很高的药用价值，根皮中含有石榴皮碱，有驱除蛔虫的作用；果皮可治痢疾；果实性甘味酸，涩温无毒，具有杀虫、涩肠止痢等功效；花瓣能止血；叶可治眼疾。

石榴在我国栽培已有2000多年的历史，从古书中证实，石榴由汉时经丝绸之路输入我国，如《群芳谱》等书记载有“汉张骞出使西域，得涂林安石国榴种以归，故名安石榴”等语。近年中国科学院在西藏考察时发现一株800余年生石榴大树，这在世界也属罕见。

石榴盆景（图6-5）可多次开花，花期较长，可达2～3个月。果实观赏期达7～8个月之久。如管理得当，温度适宜，一年四季均可观赏。春季新芽茂密，婀娜多姿，夏季繁花满树，娇艳夺目，秋冬锦果垂枝，艳丽诱人。观花观果融为一体，是优良的观果盆景素材。

图 6-5　石榴盆景

**1. 材料选择**

制作石榴盆景，如果想要以观花为主，应选择花大、色泽鲜艳、复瓣品种，如大花石榴或牡丹花石榴等；如果想要以观果为主，则可选果形美丽的红色品种，如泰山红石榴等，也可根据个人喜好或需要而定。

**2. 盆景造型**

（1）直干式　石榴盆景的主干巍然挺直，亭亭玉立，在 20～30cm 的高度进行分枝，潇洒透逸。

（2）斜干式　石榴盆景的主干向一侧倾斜，枝叶分布自然有序，树型均衡中有动势，比主干直立形更有诗意。

（3）曲干式　石榴盆景的主干扭曲，树形富有变化，但不能过分弯曲，如弯曲次数过多，反而失去了美感。

（4）卧干式　石榴盆景的树干主要部分横卧盆面，似雷击风倒之木，树形苍老古怪，富有野趣。

（5）悬崖式　石榴盆景的主干虬曲下垂，似向下生长的苍松或萝藤。

（6）枯干式　石榴盆景的主干部分枯朽而枝叶仍然繁茂，如枯木逢春。

（7）双干式　石榴盆景为一木双干，宜一高一低，一俯一仰造型才显优美。

（8）合栽式　两株以上的石榴树，品种多样，花开果熟，别具风格。

（9）附石型　石榴树栽在石头缝中，根扎盆土里，远看似山岩上长树，古朴自然生动入画。

**3. 盆景养护**

（1）光照与温度　石榴盆景是喜光树种。家庭养护时应放在阳光充足的地方，如放在阴蔽处，则开花极少，易枯梢。石榴盆景喜温暖气候。温度低于－17℃即受冻，—24℃时受冻害严重。15～25℃时生长正常。

（2）浇水　石榴盆景耐旱，浇水遵循“间干间湿”原则即可满足正常需要。叶片萎蔫，有缺水表现后再浇水，有时也能使叶片恢复正常，但是长期如此，就会使石榴盆景因树体内部缺水造成生长状况不良，不利于形成结果母枝。

（3）施肥　石榴盆景用含有有机质多的猪、羊粪沤制后，上盆前或换盆时与料土按1∶2的比例拌匀施入盆内作基肥。由于石榴生长在较浅而小的盆钵之内，还需追肥，补充养分，生长前期每隔10天施1次200倍的饼肥水。结合叶面喷肥，喷施0.3%的尿素。果实膨大期交替施一些含氮、磷、钾的复合肥，每盆不超过5g。后期间隔15～20天喷1次0.3%的磷酸二氢钾。冬季至开花前一般不施肥。

## 二、葡萄盆景制作及养护

葡萄系葡萄科葡萄属藤本落叶树木。葡萄叶片翠绿似扇，硕果晶莹似宝珠，既可欣赏又可食用，是人们喜爱的果树盆景之一。

葡萄盆景（图6-6）易管理，结果早，一般上盆后第二年即可结果。果实颜色五彩缤纷，形态各异，圆而紫者似玛瑙，长而白者似马乳，小而红者似朱砂，粒粒玲珑，有生意兴隆之意。叶色美观，新叶淡绿幼嫩，成叶油绿，果穗似露非露。闲暇之余观赏，令人清心悦目，实为观赏之佳品。

图6-6　葡萄盆景

### 1. 材料选择

（1）玫瑰香　果穗圆锥形，单穗重400～725g。果粒深紫红色，有浓郁的玫瑰香味。9

月下旬成熟，盆内养护可延长至10月底左右。

（2）巨峰　果穗圆锥形，果粒椭圆形，单粒重9g左右，紫黑色。甘甜可口，有草莓香味，9月上旬成熟。

（3）晚红　果穗长椭圆形，重800g左右，最大达2500g。果皮紫红色，果肉硬脆，成熟期极晚，如管理得当，挂果可延长到11月而不脱落。

（4）巨峰玫瑰　果穗重750g左右，穗形整齐，果粒紫红色，大小均匀，果刷长，不掉粒，有浓郁的玫瑰香味。盆内养护得当，果实可延长到下霜而不脱落。

（5）四倍体玫瑰香　二次结果能力强，果穗1000～2500g左右。无大小粒，酸甜适口。比玫瑰香早熟10天。

### 2. 盆景造型

葡萄盆景的造型可分为两种。一种是有支撑物的较细的幼树整形，一般整成披散型、漏斗型、螺旋形和扇形。另一种是树龄较老、枝蔓较粗、能独立生长的较大树桩，可采用悬崖式、斜干式、直干式等多种树型。

（1）披散形　主干留60～100cm，顶端留3～5个结果母枝，抽生6～10个结果枝，自然下垂，给人一种飘逸感。

（2）扇形　主干留10cm，萌芽后只留上部一个新梢，长到3～6片叶时摘心，再长出副梢后留1～2片叶摘心，如此重复处理，等长成形后将枝蔓架成扇形，果穗均匀分布于架面上。

（3）悬崖形　主蔓长出盆面15cm后，向下垂70°，向前下方延伸，使其结果母枝均匀分布，挂果后有悬崖动态之感。

### 3. 盆景养护

（1）温度和光照　葡萄各个种群对生长所需温度有所不同。一般情况下萌发期最适温度在10℃左右，开花、新梢生长和花芽分化最适温度25～32℃，低于14℃时不利于开花结果。浆果成熟期最低温度28～32℃，越冬最适温度为－3～5℃。葡萄喜光，宜放置阳光充足、空气流通的场所，夏季亦不怕晒。葡萄有一定耐寒性，在北方地区地栽者把藤条埋入土中就可越冬。盆栽冬初要移入低温室内越冬。

（2）浇水　葡萄叶片大、生长快，需要较多的水分。春季把葡萄移到室外修剪后，前几天多浇水，以枝远端有液体渗出为好。5～7月生长旺盛，早晨浇透水，傍晚“找水”，但盆内不可积水。其他时间也要保持盆土湿润。冬季少浇水。

（3）施肥　葡萄春季萌芽发育需要较多的肥料，每周施一次腐熟有机液肥。间隔10天左右再施0.3%尿素共2次。幼果生长期除10余天施一次腐熟有机液肥外，间隔15天左右施一次0.20%的磷酸二氢钾共计2～3次，有利果实生长。

## 三、梨树盆景制作及养护

梨树系蔷薇科梨属落叶乔木。梨树姿态优美，春天白花满树，秋季硕果累累，果香四溢，有的品种叶片红艳惹人喜爱。果实可观又可食。

梨树的适应能力很强。盆栽条件下，根盘曲多姿，微露于盆土之上，具有坚实之感；干高大粗壮，或弯曲向上犹如蟠龙，或挺拔直立犹如苍松；枝横挺层盖，长短不一，高低不同，有起有伏，动势甚明；叶伸展流畅，光洁自然，疏密有致，错落有序；花洁白如雪，芳香馥郁，令人陶醉；果形均衡，含义“惜别离”，表达惜别之意，突出了梨树盆景的特点，极具观赏价值，因而深为人们所喜爱，如图 6-7 所示为梨树盆景。

图 6-7　梨树盆景

**1. 材料选择**

（1）杜梨　适应性强，直根发达，生长旺盛，耐盐碱，与砂梨、白梨、西洋梨、秋子梨等品种的亲和力强，是盆栽的优良砧木之一。

（2）秋子梨　根系发达、适应性、耐寒性很强，不易染病，各品种间亲和力强，是寒冷地区的良好砧木。

（3）豆梨　根系较浅，适应性强，耐热抗涝，但耐寒力较差，与西洋梨及某些白梨品种嫁接表现良好，是我国长江流域及以南地区的首选盆栽砧木。

（4）榅桲　有 A、B、C 三种类型，A 型和各品种的亲和力较强，C 型矮化效果最强，并且是西洋梨首选的矮化砧木。

**2. 盆景造型**

梨树适合制作直干式、斜干式、曲干式、双干式、丛林式、临水式、卧干式等多种不同形式的盆景。因叶片较大，树冠多采用自然形，而不必蟠扎成片状。由于梨树长势较强，年生长量大，顶端枝条发育旺盛，无论什么形式的盆景，都要用打头、摘心的方法控制强旺枝的生长，使其矮小紧凑。

梨树果实硕大，是其盆景的主要观赏点，在培养树冠时应根据植株的形态及营养储备来确定果实的大小、多少与分布，使之有一定的变化。可通过拉枝、扭枝、弯曲、短截等方法，调整枝条方向，增加骨干枝数量，控制旺枝，促生短枝，以培养健壮的结果枝，使盆景枝叶丰满，结果适量。梨树根系发达，可根据需要进行提根，以增加盆景沧桑古朴的意境。

**3. 盆景养护**

（1）光照　梨树喜光，生长季节光照不足，枝条生长不良，花芽长不饱满，影响开花结果。梨树休眠期抗寒能力较强，盆栽置于低温室内就可越冬，在北方地区埋入背风向阳处，也可越冬。

（2）浇水　梨树在生长期需要足够的水分供给。在花前期、花后期、坐果初期，如浇水不足，将影响坐果率和果实的增重。梨树很多品种开花不结果，尤其是盆栽，如果养育2～3盆最好是不同品种，在花开当天或第二天进行人工辅助授粉。6月中下旬20天左右时间适当控水抑制新枝生长，亦能促进花芽生理分化，然后恢复正常浇水。冬季少浇水。

（3）施肥　春季气温不断升高，梨树逐渐进入生长旺盛期，需较多肥料，每半月施一次腐熟较淡的有机液肥，每15天左右施0.2%磷酸二氢钾液肥2～3次。

## 四、柿树盆景制作及养护

柿树是落叶乔木，树皮灰褐色呈鳞片开裂，单叶互生革质有光泽，卵状椭圆形。春夏叶面呈深绿色，秋季变为红黄色。雌雄花多为同株异花，花黄白色，花期5～6月，浆果扁球形，9～10月成熟。

柿树树形优美，枝繁叶茂，春夏叶片浓绿，秋季叶片变红，丹实似火，既可观叶又可观果，如图6-8所示为柿树盆景。果除食用外还可酿酒制醋，柿树根、叶、花、果实及皮都可入药。

**1. 材料选择**

（1）磨盘柿　别名盖柿、排子，因果实缢痕明显形似磨盘而得名。果实极大，平均单果重250g，最大果重450g以上，成熟时橙黄或橙红色，寒露至霜降节成熟，可延长观赏。

（2）石榴柿　果实小，单果重60～70g，果皮橘红色而鲜亮，成熟期较晚。盆内栽植时，落叶后果实仍可挂树欣赏。该品种适应性强，叶小枝多，极易成花，嫁接后第二年即可结果，极适合作柿树盆景观赏。

（3）火柿　果实小，平均单果重70～75g。果形有圆形与高桩形之分。果皮橙黄或橙红色。该品种树姿开张，叶片小，枝粗而密，成花较易，成熟期较晚，盆植时果实变软仍不易脱落，实属优选品种。

（4）西村早生　果实较大，均果重18%左右，果形扁圆形。果皮浅黄橙色，成熟后橙红色。该品种树势强，树体矮小，树姿开张，具有矮化性状，枝条粗而节间短，成花易，结果早，10月上旬成熟。

**2. 盆景造型**

柿树盆景可根据砧木的形状和接穗的品种特性，加工制作成单干式、双干式、斜干式、

图 6-8　柿树盆景

临水式、文人树等多种不同形式的盆景。因其叶片较大，树冠多采用自然式，其鲜艳的果实悬挂在绿叶间，非常美丽，而冬季落叶后，枝干如铁，另有一番特色。造型方法采用修剪、蟠扎相结合，逐渐培养，使其枝条粗细过渡自然，比例协调。

**3. 盆景养护**

（1）光照与温度　柿树喜光，莳养柿树盆景应放置于光照充足处，枝叶生长旺盛，花芽分化良好，花多坐果率高。柿树盆景冬季应移入低温室内越冬。

（2）浇水　柿树叶片较大，水分蒸发快，需水量大，尤其是开花到果实成熟期前一段时间，要保持水分供应，但盆内不可积水。

（3）施肥　春季萌芽时施一次腐熟有机液肥，从开花到坐果期间不要施肥，当果实长到红枣大时，再过 20 天左右施一次腐熟稀薄的有机液肥，7 月和 8 月各施一次 0.2%的磷酸二氢钾液肥。

**【知识链接】**

### 热带的宠儿——碧桃盆景

碧桃属于蔷薇科李属。碧桃是桃的一个变种，习惯上将属于观赏桃花类的半

重瓣及重瓣品种统称为碧桃。碧桃的花期为3～4月，较梅花花期长，花朵丰腴，色彩鲜艳丰富，花型多。

常见栽培的品种有白碧桃、红碧桃，有在同一株、同一花甚至同一瓣上有粉白两色的洒金碧桃，还有菊花碧桃、五色碧桃、垂枝碧桃、红叶碧桃等变种。

我国是碧桃的故乡，自古就有栽种、观赏碧桃的习惯。碧桃具有易成活、盆栽造型时间短、可人工控制花期的优势，因此是布置居室、厅堂、会场的优秀春季观花盆景。碧桃树干柔软，造型容易，可依据树势制作成斜干式、曲干式、临水式、悬崖式、双干式和丛林式，甚至可制作成提根式等盆景，一般只要养护得当，3年便可培养出造型美观的碧桃盆景。一盆美丽的碧桃盆景（图6-9），将会使人顿感满室生春，情趣盎然。

碧桃喜高温，有一定的耐寒力，喜光、耐旱，喜肥沃而排水良好的土壤，不耐水湿，在碱性及黏土上均生长不良。

图6-9　碧桃盆景

## 五、草莓盆景制作及养护

草莓系蔷薇科草莓属，多年生草本植物。枝多匍匐生长，小叶绿色，倒卵形，边缘有齿，背面和叶柄有毛；花期3～4月，花白色；果肉质多汁，初期为淡绿色，成熟时为暗红色，有香味，果期5～7月。

草莓不仅好吃，而且也是集观叶、观花和观果于一身的，具有较高观赏价值的盆栽植物（图6-10）。草莓果味清香爽口，色泽鲜艳红润，果型优雅美观。盆栽后，株型娇小、挂果观赏期长（从元旦到5月份）。白花、绿叶、红果相互映衬，在居室中摆放，其观赏效果同花卉一样，且可食用，一举两得。

### 1. 材料选择

草莓属蔷薇科多年生常绿草本植物，适宜盆栽的品种很多。宜选择休眠浅，果型好，香

图 6-10　草莓盆景

味浓郁的品种，如达斯莱克特、丰香、静香、泰达 1 号等较适宜。从观赏角度出发，盆栽草莓应选择株形开张、花型较好、花期长、能自花结实、果大色艳、适应性强的品种，比较理想的品种如四季草莓、欧洲四季红、宝交早生等。

**2. 盆景造型**

（1）需要在花卉盆景市场购买已结果的盆栽草莓。盆栽草莓有的是用白色塑料盆栽种的，购回后莳养几天，等部分果实变红，将塑料盆擦洗干净，根据草莓株形，将所有果实轻轻调整到观赏面。

（2）如果栽种草莓的盆钵是瓦盆，因瓦盆表面粗糙，粘有尘土和水渍，而且难以除掉。可选一个大小适宜的白色釉陶简盆，在草莓盆土偏干时，用培养土把草莓栽种到白色釉陶盆中，将果实调整到观赏面。因为白色能将青翠的叶片和红艳的果实衬托的更加突出俊俏。

（3）为了提高草莓盆景的观赏性，使景物更具生活气息，在草莓盆景的旁边摆放一个弹琵琶的釉陶侍女或其他摆件。

**3. 盆景养护**

（1）浇水　花盆容积有限，营养面积和蓄水不多，应及时浇水和追肥。浇水应因季节而定，早春与晚秋应在午后 4 点后浇。草莓喜欢湿润的环境，在管理上应掌握小水勤浇，保持土壤湿润为原则。

（2）施肥　肥料直接影响着盆栽的生长结果。追肥应本着薄肥勤施的原则进行，平均每周施一次。在任何情况下都不能施浓肥和生肥。

（3）越冬防寒　10 月份将盆栽草莓移入室内，或放在向阳的封闭式阳台上，以防发生冻害，影响草莓的生长发育。

# 第七章 观花盆景制作与赏析

我国花卉资源丰富，种类繁多，为便于栽培、管理和利用，需要了解花卉的分类知识。由于分类的依据不同，分类的方法亦各不相同。通常根据花卉生长习性及形态特征分类，一般可分为草本花卉、木本花卉、多肉花卉和水生花卉。

## 第一节 观花盆景小常识

中华民族自古以来就有养花、赏花的高雅风尚。人们视花为兴盛、幸福和美好的象征，有“盛世如花”的称颂。花是美的化身，花卉可以绿化环境、美化生活、净化人们的心灵，陶冶情操。

我国是世界上拥有花卉种类最多、栽培花卉盆栽最早的国家之一。1977 年浙江余姚河姆渡新时期考古发现两片绘有盆栽植物的陶片，其画面显示所绘 5 个叶片植物形态好似万年青。河北省望都东汉墓壁绘画中有盆栽花卉的画面。

### 一、什么是观花盆景

观花盆景是中国花文化的组成部分，归纳起来有以下几个方面：一是绘画诗歌中的花文化，如松、竹、梅“岁寒三友”、梅、兰、竹、菊“四君子”、牡丹誉为“花王”、芍药誉为“花相”等；二是健身休闲中的花文化，如“常使小劳，则外邪难袭”；三是礼仪交往中的花文化，如节日庆典等。如图 7-1 所示为梅桩盆景。

#### 1. 观花盆景对根、干、枝、叶的要求

(1) 对根的要求　根在观赏盆景中的作用如下。

① 起固定植株作用，根据造型的要求，把干、枝以直立、倾斜、悬崖等形式固定于盆土中；

② 吸收土壤中的水分和营养供给干、枝、叶、花生长需要；

③ 在盆土以上悬根露爪的根系，增添了观花盆景的美感，提高了盆景的观赏价值。

图 7-1　梅桩盆景

(2) 对干的要求　不论单干、双干，还是多干，树干应显得苍老而有一定弯曲（直干除外），以达到曲直和谐、刚柔相济的艺术效果。

(3) 对枝的要求　一般主枝与第二级枝的粗度比例在 1/3～1/2 之间。干与枝的比例在 4～5 倍以上，给人的感觉就很不协调和很不美观。枝的着生方式一般为互生状，不宜呈对生状，因为后者欣赏效果不佳。

(4) 对叶的要求　观花盆景观赏重点在花，叶片起衬托作用，为了突出花朵可把叶片适当摘除一些，在选择上最好选择叶片小而苍翠的树种为佳。

**2. 观花盆景对花的要求**

观花盆景对花的要求比较严，并非所有开花的植物都能作为观花盆景材料。观花盆景要求花朵或花序漂亮、美观，具有较高的观赏价值，如花朵开放时能释放芳香、花期较长或一年之内能多次开花就更好，如云南黄馨、四季桂等。

**3. 观花盆景常见的形式**

有单干直立、双干、三干、斜干、悬崖、一本多干、丛林、垂枝、风吹、提根等形式。

**4. 观花盆景常用植物**

(1) 观花木本植物　梅花、迎春、桂花、紫荆、茶花、茶梅、凌霄、紫藤、紫薇、腊梅、碧桃、花桃、含笑、檵木、六月雪、三角梅、锦鸡儿、映山红（图 7-2）、杜鹃、垂丝海棠、连翘、黄槐、月季、合欢、金合欢、银合欢、扶桑、黄蝉、金钟花、马缨丹、云南黄馨、重瓣石榴等。

图 7-2　映山红盆景

（2）观花草本植物　有小菊、水仙、兰花、朱顶红等。

**5. 观花盆景的盆、架及题名**

（1）观花盆景用盆　盆景用盆除做容器要求其容积和稳定性之外，还要强调其观赏品味。有紫砂盆、釉陶盆、瓷盆、均陶盆、水泥盆、喀斯特云石盆、塑料盆、泥盆等。

（2）观花盆景用架要求

① 几架的材质有木质、石质、陶质、金属、塑料、有机玻璃等。

② 几架的种类有博古架、桌案、垫架等。

（3）观花盆景题名

为了引导欣赏者快捷地进入盆景的意境中去，常从文字简洁、朗朗上口、诗情画意、名实相映等方面规范题名，起到高度概括、画龙点睛、令人遐想的作用。

① 古诗词警句法，如“疏影横斜”。

② 直点树种名法，如“杜鹃啼血”。

③ 借产地题名法，如“花城春色”。

④ 虚拟景象名法，如“紫霞垂照”“瓔珞垂枝”等。

**【知识链接】**

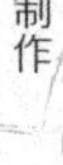

## 适合在卧室摆放的观花盆景

卧室的主要功能是睡眠休息，对人们生活质量影响较大。理想的环境应该是一个宁静、舒适、整洁、温馨的天地，花卉装饰应掌握色淡、微香。色淡可造成一个雅洁的环境，显得宁静；微香有温馨甜蜜催眠入睡的功能。

卧室摆放的花卉不宜多。如在衣柜顶上放一盆纤细轻盈的铁线蕨或密叶天门冬，床头放上一盆插花。如果空间许可，也可在地面摆设造型规整的植物，如喜林芋、巴西铁等。此外，也可根据居住者的年龄、性格等选配植物。

## 二、观花盆景欣赏

(1) 花色美　观花盆景主要欣赏花的美丽，但这不是说，因为突出赏花就忽略掉其他如桩干、枝杈、虬枝等，在欣赏花的华美的同时，要讲究树桩整体各部分的相互协调。

有些树种开花亮堂、艳丽，色泽明快耀眼，加之花多花密，到了欣赏季节，会变得姹紫嫣红。花色常因色调明暗、花型大小、花朵多少、花期长短等不同而产生不同的效果。有些花初开鲜艳，晚放却褪色，如有些月季、桃、蜡梅等；另一些花则相反，初开不艳丽却越开越美，如五色梅、山茶、石榴等。可根据自己的喜好，选取自己最喜爱的品种栽植、造型、欣赏和品味。如图 7-3 所示为山茶花盆景。

图 7-3　山茶花盆景

(2) 花姿美　花是自然造化的“艺术品”，它在枝上开放的方式和花朵自己的形态千差万别，多姿多彩。大型花如牡丹、山茶、玉兰、月季等，应用较少，一是它花较大，全株花朵较少，太过于突出花而盖过桩形的表现；二是桩干细瘦影响格调，培育期过长难度增加。小花小叶的树种常见六月雪、福建茶、梅、五色梅、迎春、杜鹃、金银花等，它们花微叶窄，更能衬托出桩干以小喻大，产生巨树的气势。

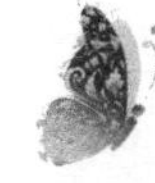

花姿美是统称花桩头全株的姿态，是花、叶、枝、干及相关的桩上整体形象美。不只是花多、花艳，还要讲究桩干壮实、大枝疏朗明晰、分枝多而不腻、枝片布置错落、绿叶陪衬适度、树姿造型有致。

(3) 花香美　盆景树桩开花有香味，如桂花，金银花、牡丹、茉莉、栀子、素馨、米兰、含笑、玉兰、辛夷、丁香、夜丁香、月季、梅、紫藤等，盆景用草本有小菊、兰等。当然花有色有香、有姿有形的树种，更是上好盆景材料，也容易被人们接受。如图 7-4 所示为紫丁香盆景。

图 7-4　紫丁香盆景

（4）树桩美　花与桩与枝与叶都有密切关联，作为观花盆景，欣赏花是在树桩上，所以，盆中桩材不佳，不能勉强算是盆景，只能是盆栽或盆植，“无桩不成景”，即使以赏花为主的盆景，也须花好干美。花好干差的盆景，不配称为观花盆景的好作品。

树干之上还须有疏朗大枝，大枝是树冠的骨架，是结构的支撑要素，干与细枝中间过渡要自然，必须像一般无花树桩一样进行大枝和分杈的常规蟠扎造型、修剪，无花时也可观赏全桩，有花时更可观赏其万紫千红之美，可谓是“锦上添花”。

## 三、观花盆景如何施肥

在花卉日常养护的整个过程中都少不了施肥，给花巧施肥才会让花朵长得旺盛，发育良好。下边我们介绍一下花卉养护中常用的肥料（图 7-5）及施肥方法。

### 1. 怎么做到合理施肥

合理施肥就是要注意适时、适量施肥。适时指的就是，花卉需要施肥的时候才进行施肥。施肥的指标是发现花卉植株生长细弱，叶色变淡。至于什么时候施什么肥，就要根据不同花卉不同的生长发育期而定。

如何才是适量的施肥呢？苗期最好多施些氮肥，以促进幼苗茁壮地生长；孕蕾期最好多施些磷肥，以促进花大籽壮；坐果初期就应当控制施肥量。总而言之无论什么时期施肥都应注意把握用量，如果氮肥过多，使植株容易徒长；施钾肥过多，则会阻碍花卉生育，影响其开花结果。

图 7-5　常用的肥料

**2. 合理施肥遵循的原则是什么**

（1）施肥必须区分花卉种类　不同种类的花卉对肥料的要求不同。观叶为主的花卉，可偏重于施氮肥；观花的花卉在开花期需施适量的肥料；观果花卉在开花期适当控制肥水量，壮果期施以充足的肥料，才能达到预期的效果。

（2）施肥随着季节的不同而变化　冬季气温偏低，花卉植物生长缓慢，一般不施肥；春、秋季花卉正处于生长旺季，应适量增加追肥量；夏季气温最高，水分蒸发快，大多数花卉处于生长旺期，追肥次数增多，浓度宜小。

（3）施用有机肥料忌讳　施用有机肥料最忌讳施用未腐熟的肥料，一定要经过充分腐熟，才可以施用。

**3. 为什么不能施用未腐熟的肥料**

有些花卉爱好者经常把一些鸡蛋壳、动物内脏、饼肥、生马粪等埋入盆土中。通过这样的方式以增加土壤的养分，结果事与愿违，不仅没有达到设想的目的，反而伤害了花卉。究其原因是因为花卉生长的过程中要吸收土中经过发酵溶解于水中的氮、磷、钾、镁等各种营养元素。往盆土中加入的腐败食物或是一些动物粪便，未经发酵就直接埋入盆内，遇水分解进行发酵会产生高温，直接烫伤花卉根系，再加上微生物的活动，使土壤严重缺氧，最后导致花卉死亡。与此同时，未腐熟肥料发酵时会产生臭味容易招致蝇类产卵，蛆虫很容易咬伤根系，危害花卉生长。所以养花一定要施用充分腐熟的肥料以保证花卉良好生长。

**4. 根外施肥的好处有哪些**

根外追肥最显著优势是用较少的肥量就可以迅速发挥显著的肥效，而且肥料不会被固定、不受根系吸收功能的影响等。一般情况下，叶面喷施无机肥料之后，5 小时就能被吸收。肥效可以持续 7～10 天，所以，根外追肥宜每 7～10 天喷 1 次。除开花期外，其余生长阶段都可以进行根外追肥。

### 5. 根外追肥应注意哪些事项

(1) 不是任何一种肥料都可以用作根外追肥，只有溶解度较好的一些肥料可用作根外追肥。

(2) 根外追肥时肥料的浓度相对偏低。例如，硫酸亚铁的浓度为0.2%～0.5%，过磷酸钙的浓度为1%～3%，尿素喷施浓度不要超过0.1%等。

(3) 一般选择早晨或是晴朗无风的天气进行根外追肥。最适宜的时间是下午3～4时以后。切忌在中午追肥，以免灼伤叶面。

(4) 喷施叶面的时候尽量均匀，因为叶背含有大量的气孔，吸收比叶面快，叶背最好也喷到肥料溶液。喷施的量使叶表湿润即可。

(5) 肥料一定要溶解均匀，一定要滤去不溶物质。有时还可以把杀菌剂和杀虫剂混入使用，这样可以双管齐下预防病虫害。

## 四、观花盆景如何修剪

有经验的养花者都懂得花木是“七分管、三分剪”。通过剪去不必要的杂枝，节省养分、减少消耗，保证营养集中供应枝叶或促进开花。还可以调节树势，使花木的枝条分布均匀，控制徒长，保证花木的株形整齐、优美（图7-6）。

### 1. 对花卉进行修剪的作用

整形是修整花卉植物的整体外形，修剪是剪去一些无关紧要的枝条或者是为了一些别的目的进行的一种剪枝处理。对于花卉整形修剪的作用不可小觑，具体表现在以下几个方面。

(1) 它可以调整观赏花木各物候期之间、上下年之间、各年龄时期之间的关系，以控制花卉植株株冠的演化速度和进程，保证先后之间顺畅地衔接。

(2) 它可以调整群体与个体有些部分之间的空间排列结构，更好地改善光能利用条件。

(3) 它可以调整器官形成的质量、数量、节奏，调节生长速度与结成果实、凋零衰老与复壮之间的矛盾。

(4) 协调花木各部分、各器官之间的均衡等。

### 2. 花卉修剪的规则

(1) 独立枝修剪前首先观察花木的长势、冠型状态、枝条分布情况等。尤其是多年生长的枝条必须慎重下剪。修剪时遵循的顺序是先粗剪后细剪，然后由上而下、由里及外。首先把重叠枝、密生枝、枯枝等先剪去，再对保留下的枝条进行短剪。剪口芽一般留在期望长出枝条的方向。回缩修剪时，首先处理大枝、依次是中枝、最后是小枝。修剪后一定要检查有无漏剪与错剪，需要时再进行补剪和修正。

(2) 抹芽除蘖时不能撕裂树皮，以免影响树体生长。

(3) 修剪工具保持剪口锋利。修剪病枝后应该注意进行灭菌处理。处理之后再修剪其他枝条以防止交叉感染。修剪下的病害枯枝要进行收集处理。

### 3. 修剪的过程中如何操作

在进行修剪操作时，要严格按照修剪操作规范进行。

图 7-6 观花盆景的修剪

(1) 剪口要平齐　剪口要求平滑整齐，不劈不裂，不撕破树皮，以保证剪口能较快愈合。

(2) 短截剪口部位要合适　短截剪口部位要根据花木具体情况而定。花卉植物不同，芽的排列方式也不同。选择萌发抽条的方向一定要符合以后树形发展要求的芽作为剪口芽。剪口位置与芽的距离要适当，不能太远也不可以太近。同时要注意短截枝条的组织充实程度。

(3) 疏枝剪口部位要正确　需要疏枝的枝条一般分为两类。一类是一年生枝、弱枝、枯枝，这类枝条弱小，疏枝剪口部位较小，可依据枝条的着生部位剪除。另一类是比较粗壮的大枝，疏枝剪口较大，切口部位要与主枝相适合。

(4) 保护切口　首先将剪口或锯口削平，然后用保护剂涂抹切口，使枝条既不干枯又不腐烂，最好随剪随涂。

**4. 进行修枝的时间以及方法**

为了使花儿更婀娜多姿，修剪时，必须注意掌握适宜的修剪时间以及正确的修剪方法。

(1) 花卉的修剪时间　花卉修剪在休眠期、生长期都可进行，在具体实践应用时，应根

据不同物种的耐寒程度、开花习性的差异以及修剪目的决定。

(2) 花卉的修剪方法

① 摘心。摘除新梢是为了抑制较高的部位的生长，促使养分的积累，以促使萌发侧枝，加粗生长或者花芽分化等。

② 抹芽除萌。抹去腋芽或刚萌生的嫩枝，其目的是节省养分。摘蕾是其中最典型的一种。

③ 疏枝。剪除纤细枝、密生枝、病虫枝、枯枝等。剪除时调整植株姿态，使枝条疏密有致，利于通风透光，如图 7-7 所示为修剪后的月季盆景。

④ 短截。剪除枝条的一部分，使之短缩。这么做的目的是促使侧枝萌发。

⑤ 剪根。剪除根的一部分。剪短过长的主根，促使长出侧根，或者抑制枝叶徒长，促成花蕾形成。

⑥ 花卉的引长。攀援性的草本或木本花卉，可预先做好架子，使它们附着其上，以达到观赏的目的。

图 7-7 修剪后的月季盆景

⑦ 环状剥皮、芽伤、扭枝。这三种都是通过损伤枝条的一部分，来达到调整生长的目的。环状剥皮促使养分在环剥处的上方积累，利于花芽分化。芽伤促使萌发。扭枝通过扭曲使枝条趋于水平，可以抑制长势，也有促进孕蕾的效果。

**5. 短截修剪如何操作**

短截就是剪除枝条的一部分，使之变短。短截的目的是为了调整长势，或者使萌发的枝条向预定的方向抽生；或者是为了促使萌发侧枝。进行短截可以使冠幅均匀，可以对强枝短截。如果短截是为了恢复长势时，可对弱枝进行再次短截，以促使其长出强有力的新枝条。

短截的过程应该注意以下事项：剪口芽的方向，朝着较疏的枝间或朝向外侧，剪口要平滑，成 45°角向剪口芽相反方向倾斜，剪口的下端与剪口芽的芽尖相齐。花芽顶生的花木不宜短截。短截常施用于花木，一般宜在休眠期进行。

## 五、怎样给观花盆景浇水

一切植物的生命活动都离不开水，必要的光合作用、呼吸作用、蒸腾作用都需要水的参与。对养花来说，浇水是最频繁的一项管理工作。土壤过于干燥，花卉就会萎蔫，甚至枯死；土壤过于潮湿，则会发生烂根死亡，盆栽花卉尤其要注意浇水。

### 1. 如何浇水

浇水量以及浇水时机是根据花卉的种类、环境及气候决定的。家庭养花，尤其是室内花卉，由于没有阳光直射，花卉蒸腾作用较弱，不能浇水过勤，否则土壤经常处于渍水状态，根系会窒息而死，浇水过多过勤是许多家庭养花不成功的重要原因。一般而言，置于阳台的花卉多浇，室内的花卉少浇；气温炎热时多浇，气温凉爽时少浇，草本多浇，木本少浇，并按照干湿交替进行，即在土壤相对较干时才浇水，每次浇水要浇至盆底有水渗出为止。

### 2. 天气炎热为何不能用冷水浇水

炎炎夏日，气温极高，有时花卉叶面的温度高达 40℃左右。蒸腾作用也极强，所以水分蒸发较快，根系需要源源不断地吸收水分以补充叶面蒸腾的损失。如果这时候浇冷水，土壤温度突然降低，根毛受到低温的刺激，会立即阻碍水分的吸收。这时花卉没有任何准备过程，叶面上的气孔全部扩张，水分继续散失。根部不吸水，水分失去了供给，这时就导致叶面细胞由扩张变成萎蔫，使植株产生“生理干旱”。严重时甚至会全株死亡。所以夏季浇花不能用冷水，浇花时间最好是早晨和傍晚。

### 3. 什么是浸盆法

浸盆法是盆花浇水的一种方法。这种方法就是将盆花放入盛水的容器中。使水分从盆花底部排水孔由下而上慢慢渗入盆内，直到盆土潮湿。这种方法主要用于细小种子播种时，为了防止喷壶浇水将种子冲到一边或堆积一起，影响出苗。一些花卉幼苗换盆或移栽时，为了防止从外部浇水冲散盆土，也使用浸盆法。如果花盆内因土壤缺水干裂，这时如从上部浇水往往渗透过急，影响水分吸收，也可采用浸盆法补充水分。

一般花卉不适宜使用浸盆法。如果花卉长期使用浸盆法保持水分，容易因为盆内积水过多造成花卉植物缺氧，同时也易导致盆土内所含盐碱量上升，给花卉带来损害。使用浸盆法时间太长的话，容易使花卉遭受涝灾，最后导致整株死亡。

### 4. 喷水有什么好处

在空气湿度较低和炎热的夏季，经常看见养花者用清水喷洗枝叶或者向花盆四周地面洒水。这样的作用是不仅有效地清洗灰尘，而且有利于增加叶面的光合作用，增加空气湿度，降低气温。避免嫩叶焦萎，叶缘干枯。对于一些特殊花卉可以起到降温防病的作用。

### 5. 四季浇水的注意事项

每年开春后气温逐渐升高，大多数花卉进入生长旺期，浇水量最好逐渐增加。早春时节，浇水最适宜在午前进行。夏季气温高，花卉生长旺盛，蒸腾作用也较强，浇水量更应该充足。夏季浇水最好在早晨、晚上进行。立秋后气温逐渐降低，花卉生长速度开始变慢，适当减少浇水量。冬季气温最低，大多数花卉进入休眠或半休眠期，要控制浇水次数和浇水量。冬季浇水最好在午后1～2时进行。盆土不太干就不要浇水。

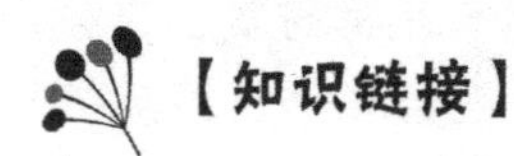

**【知识链接】**

### 观花盆景为何要清洁叶面

健康美丽的花卉需要精心养护，其中不要忽略清洁叶面，如果花卉的叶片上布满灰尘，不仅降低了其观赏价值，而且因为灰尘堵塞叶片气孔，还会造成花卉正常生理活动受阻。所以要经常或定期地清洁花卉的叶面。

清洁叶面的方法有很多，比如用柔软而干净的湿布擦干净叶子，用柔软的毛笔掸刷叶面，用小型手动喷雾器直接喷洒清洗也很不错。当然还可以用海绵蘸水，顺着叶脉，一片片地清洗干净。

丧失光泽的观叶植物可以用牛奶擦拭，用抹布蘸一些牛奶轻轻擦拭叶子的表面，便可以使叶子清新有光泽。还可以用啤酒擦拭叶片，用脱脂棉或干净的软布蘸啤酒，轻轻擦拭叶片，因为叶片能够直接吸收啤酒中的营养物质，花卉的叶片会变得更加翠绿，富有光泽，同时叶片的质感也显得肥厚。

## 第二节　常见观花盆景制作及养护

观花盆景大都是通过把一些花卉苗木通过艺术加工，改制一些特殊的造型，种植在花盆内，放在室内、庭院、阳台等处，衬托出家庭的温馨气氛，同时在室内摆放一些花卉盆景也有益于保证室内空气的新鲜，对人体健康有益。

### 一、梅花盆景制作及养护

梅花，别名有春梅、干枝梅等，为落叶乔木。树干灰褐色或褐色；小枝细长，多为绿色；单叶片生，边缘有锯齿；自然花期2～3月，常见的花色有白、红、粉红、淡绿等。

梅花在我国已有3000余年的历史，现各地都有栽培，人们称其为花魁。梅花喜阳光充足、温暖而又略潮湿，且通风良好的环境。梅花有一定耐寒性，北方地区地栽的梅树可在野外越冬，梅花盆景（图7-8）应移入低温室内越冬。梅花在疏松、肥沃、富含腐殖质、排水良好的中性或微酸性土壤中生长良好。

#### 1. 材料选择

制作梅花盆景多选用4～5年或更长树龄的梅桩树木。用有较长树龄梅桩作盆景成型快，而且制成的盆景有较深的韵味。

图 7-8　梅花盆景

**2. 盆景造型**

(1) 游龙式　为徽派盆景的传统样式，即主干从基部到顶部盘曲成 S 形数弯，如游龙状。

(2) 三台式　也是徽派的传统式样，即主干成 2～3 个弯曲，上部枝叶分为 3 层片，高低交错，层次分明，每层片做成水平馒头状，端庄平稳。

(3) 劈干式　为苏派盆景传统式样，即将粗大的梅桩茎干劈开，去除部分木质部，并进行雕凿加工，以表现“枯木逢春”的姿态。

(4) 疙瘩式　为扬派盆景的传统式样，即在梅花枝茎幼小时，将主茎打一个结或绕一个圆圈，日久便形成疙瘩状，显得苍古奇特。

(5) 顺风式　为扬派的传统式样，即将梅花的全部枝条蟠扎向同一个方向，犹如顺风吹拂的姿态（图 7-9）。

(6) 垂枝式　也为扬派的传统式样，即将盆口以上小枝蟠扎成与盆口平行的圆圈，中间主枝再向上蟠扎成圆环，形如花篮状。

**3. 盆景养护**

(1) 光照和温度管理　梅花喜欢温暖和充足的光照。在梅花生长期应该放在阳光充足、通风良好的地方，如果处在庇荫环境中，因为光照不足，植株会生长瘦弱，开花稀少。

除了杏梅系品种能耐得住－25℃的低温外，一般梅花品种能耐得住－10℃的低温。早春平均气温达－5～7℃时开花，如果遇到低温，就会延迟开花，如果在开花时遇到低温，则会使花期延长。梅花也耐高温，能在 40℃条件下生长。气温在 16～23℃时，植株生长发育最好。

图 7-9 顺风式梅花盆景

（2）浇水 平时要注意保持盆土湿润，不干不浇，防止盆中积水。5～6 月份，即花芽分化形成期，要进行“扣水”，让盆土干到老叶微卷、新梢萎缩时再浇水，如此反复数次，将新枝生长点破坏，使其停止生长，以增加花芽的发育，此后再恢复正常的浇水。

（3）施肥 施肥应注意季节和生长发育期，一般在翻盆时，在盆底放置骨粉和腐熟的豆饼屑做基肥，5 月中下旬花芽形成前施 1～2 次饼肥水做追肥，8 月上旬再施 1～2 次，入秋后还可继续施肥 2～3 次，冬季放入温室内，可提早到春节时开花。

## 二、菊花盆景制作及养护

菊花，别名寿客、金英、黄华、秋菊、陶菊、黄花、九花、女华、日精、节华、朱嬴、延寿客、延龄客、阴威、寿客、更生、金蕊、周盈、黄蕊、金秋菊，为菊科菊属多年生草本植物。原产中国，现世界各地广泛栽培。

菊花可以作茶，具有平肝明目、清热解毒等药用功效。菊花还有保健功效，比如，菊花酒、菊花粥、菊花枕等，都能对人身体健康起到一定作用，能够让人感觉神清气爽。菊花被广泛用作观赏之用，花朵大且美丽，能和牡丹相媲美，菊花盆景极具观赏价值（图 7-10）。

### 1. 材料选择

菊花株高一般为 30～90cm。茎色嫩绿或褐色，基部半木质化。叶互生，呈卵圆至长圆形，边缘有锯齿。顶生或腋生头状花序，一朵或数朵簇生。其中，舌状花为雌花，筒状花为两性花。品种可选择十大菊花名品，分别是绿牡丹、墨菊（又称墨荷）、帅旗、绿云、红衣绿裳、十丈垂帘、西湖柳月、凤凰振羽、黄石公、玉壶春。植株选择生长健壮、无病虫的菊苗。

图 7-10　菊花盆景

**2. 盆景造型**

（1）悬崖式菊花盆景　制作悬崖式菊花盆景（图 7-11）的菊苗来源可在 11 月采取老菊脚芽将其种植于瓦盆之中，浇足水，在阴凉处放置一周，然后移到向阳低温（15℃）的室内养护越冬。冬季保持盆土湿润即可，浇水不可过多。待翌年 3 月下旬天气转暖时，把菊花苗移出室外，换上大一号较深的瓦盆种植。

（2）菊花附石盆景　菊花附石盆景菊苗也用老菊脚芽。在 11 月份，选择生长健壮、长约 4cm 的菊花脚芽，植入盆中，盆土要用细沙土和旧盆土各半混合土，忌用肥土。菊花脚芽成活后，置于低温向阳的室内，并适当控制浇水，盆土不宜过湿，否则会造成菊花苗徒长。

**3. 盆景养护**

（1）光照　菊花是短日照植物，喜阴凉，忌烈日直射，所以在夏季要进行适当遮阴。每天光照时间在 14h，有利于其枝叶生长，如果每天有 12h 在黑暗中度过，有利于其花芽分

图 7-11　悬崖式菊花盆景

化。夏菊能在夏季长日照的条件下进行花芽分化和开花。

（2）施肥　菊花在定植时，应在盆中施足底肥。之后在植株生长过程中再追肥，但追肥不要过早或过量，一般每隔 10 天施一次稀薄淡肥。

（3）浇水　浇水要做到适时、适量。一般在发现盆土表皮发白时浇水，不干不浇，浇则浇透，但不要让盆内积水，以免造成烂根黄叶现象。给菊花浇水最好用喷水壶缓缓喷洒，不可用猛水冲浇。浇水以含矿物质少的河水、塘水、贮存的雨水为好。水温要求与土壤的温度相一致。

## 三、水仙盆景制作及养护

水仙别名中国水仙、女史花、凌波仙子、雪中花、配玄、姚女花、雅客、雅蒜、禾葱，为石蒜科多年生草本花卉，如图 7-12 所示为优雅的水仙盆景。

一般水仙都是用筐装，一般装数越少，水仙球越大。花盆主要选择陶盆、瓷盆、瓦盆皆可。水培可以用玻璃器皿。

水仙喜疏松富含有机质和水分充足的土壤。酸碱度在 5～7.5 为宜。一般用壤土、腐叶土、细沙混合配制。

### 1. 材料选择

中国品种有漳州水仙、普陀水仙、丁香水仙、崇明水仙等品种，其中漳州水仙最为著名。外国品种有香水水仙、口红水仙、喇叭水仙、黄水仙、仙客来水仙等品种。

### 2. 盆景造型

（1）剥鳞片　先把水仙花头上的泥土和枯根刮净，剥去棕褐色的外皮。在鳞茎 2/3 或

图 7-12　优雅的水仙盆景

1/2 处用刀沿着和底部相平行的弧线切入，划开上面的表皮，再一层层剥去上部 2/3 的鳞片，直到看到水仙的叶子。一般来说，水仙的叶子会长成一排。

（2）�叶子 叶子充分暴露出来之后，开始剥叶子。用刀将叶芽两侧鳞瓣和叶苞片一片一片地刻掉，要耐心细致，切勿碰伤叶芽。

从叶子的头部向根部剥，剥掉 1/3 左右，剥去的叶子越少，水仙的长势越直。在这个过程中，要避免顿刀，否则生齿。另要避免碰到花苞。

（3）削叶缘 水仙花的叶片，原来都是笔直生长的，要想使叶片和花梗都长成弯曲的蟹爪状，就要对其削切。

削叶缘时，要用手指从叶芽背向前稍施压力，使花芽叶芽分离开，然后从裂缝间下刀，从上到下，从外叶到内叶平均地把叶缘削去 1/3～2/3。经过刻削的一面组织受伤结疤，生长缓慢，未经刻削的一面仍健壮生长，两面生长不平衡，就长成向一面弯曲的蟹爪状叶片了。操作时，不能碰伤叶芽中间的花苞。

（4）雕花梗 花芽的上部是花苞，下部是花梗。用小刻刀将表面清理平整，前面刻成圆滑状。

雕花梗难度较大，不能碰破花苞。雕花梗时，要从上向下把花梗削去 1/4 左右的深度。

若要花梗向哪个方向弯曲，便削花梗的哪一面。

水仙花侧球与主球的雕刻方法相同。雕刻后的鳞茎应将切口朝下，放入清水中浸泡一昼夜，然后洗净黏液，再置浅水盆中养护。一般经雕刻过的水仙，开花提早，花期缩短。将装好水仙的盘绑好，待开花之后再解开。

**3. 盆景养护**

(1) 光照　水仙喜光照，如果想要使水仙生长发育正常，每天光照不得少于6h，光照不足，就会出现叶子徒长，开花少且瘦弱或不开花现象。但也不要让其长时间在阳光下接受阳光直射。

(2) 浇水　水仙喜湿润环境，生长发育期需要大量水分，等到成熟期新陈代谢减弱，对水的需求量也相应减少。土栽浇水要注意见干见湿，土不干时不浇水，一旦浇水就要浇透，直到盆底漏水为止，浇水时间最好选择在早晚，否则会破坏根系的生长。

(3) 施肥　栽培水仙的时候，施肥不必过勤，每月施一些稀薄的人畜粪肥1～2次，以促进鳞茎贮备更多养分即可。水养和沙培水仙一般不施肥，如果有条件可以在植株开花期间施一些磷肥，保证花开鲜艳。

(4) 越冬　水仙花冬季放到室内越冬，过了谷雨季节再移出室外。

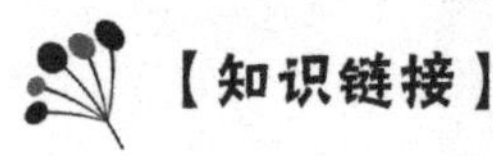

**【知识链接】**

## 如何制作精美的紫薇盆景

紫薇属千屈菜科，又称百日红，落叶乔木。紫薇性喜阳光，不怕寒冷，但怕阴湿，能耐旱，对土质要求不高，但很喜肥，早春需重施基肥，这是多开花的保证。5～6月份需施追肥，促进花芽分化，肥料以人畜粪便为主。紫薇还能净化有害气体，有改善环境的作用。

紫薇的花开都集中在当年新生的枝梢上，所以当年新枝多，就能多开花。为此必须在冬季或早春，修剪掉去年的老枝，修剪时要留存5～7cm长的老枝，不能连基部完全剪光，以促使多发新枝，多开花朵。如果不将老枝短截修剪，不但不会多开花，而且还会造成枝条枯萎死亡。

紫薇分春季硬枝扦插和夏季嫩枝扦插两种方式。春季选生长健壮、无病虫害的一年生枝条，萌动前扦插即可。夏季剪取当年生枝条插入土壤一半，浇透水，罩遮阳网保湿半月左右即可生根，成活率可达95%以上。如图7-13所示为紫薇盆景。

图 7-13　紫薇盆景

## 四、兰花盆景制作及养护

兰花别名兰草，为兰科兰属多年生草本植物，如图 7-14 所示为兰花盆景。

兰花的根、叶、花、果、种子均有一定的药用价值。根可治肺结核、肺脓肿及扭伤，叶可治百日咳，果能止呕吐，种子治目翳。兰花香气清烈、醇正，用来熏茶，品质很高。兰花可做汤，也可做菜，清香扑鼻。

### 1. 材料选择

我国常见栽培品种有春兰、蕙兰、建兰、寒兰、墨兰、春剑。兰花叶基硬、细且直立，叶中段宽而厚实，刚劲且柔润，尾部微下垂，尾尖钝圆坚硬起兜，微上翘者为上品。用兰花制作盆景，多与山石相结合，模仿中国画中《兰石图》的布局方法。

### 2. 盆景造型

(1) 在盆钵的一端栽种几株高低不一的兰花，在距兰花不远的盆钵另一端放置一两块形状比较高大、玲珑剔透的山石，并在盆面适当位置点缀 2～3 块形态优美的小石起衬托作用。

(2) 把大小、高低不同的 4～5 株兰花，错落有致地植于盆钵之中，在盆中适当位置摆

图 7-14　兰花盆景

放几块大小适宜、形态优雅的山石。在制作兰石盆景时，应注意兰与石要高低不等，如果平起平坐，主次不分，意境就不美了。

（3）制作兰石盆景，用我国栽培最广的春兰（图 7-15）即可。春兰叶狭而长，一般 20～50cm，花葶直立，浅黄绿色，有香味，花期 2～3 月份。用春兰与山石制作的盆景，山石挺拔刚劲，兰花叶片曲柔，刚柔相济，幽雅自然，香气怡人，富有诗情画意。

图 7-15　春兰盆景

**3. 盆景养护**

（1）光照　兰花性喜荫蔽、凉爽环境，忌阳光直射。

（2）浇水　兰花喜欢湿润的环境，要保持盆土湿润，但浇水不宜太多，以免积水造成烂根。

(3) 施肥　给兰花施肥要施薄肥，切忌施浓肥。

新栽的兰株，第一年可以不用施肥，等到第二年清明后再开始施肥，施肥到立秋停止。期间可以每月施1～2次充分腐熟的稀薄饼肥水。

对于新老株，阴雨天不要施肥，冬季休眠期要停止施肥。但冬季开花的墨兰和寒兰可以酌情施磷钾肥，以保证其生长所需水分充足。

## 五、九里香盆景制作及养护

九里香系芸香科九里香属常绿灌木或小乔木，别名月桂、千里香。九里香树姿优美，枝干挺拔，叶片深绿有光泽，四季常青。花白色香味浓，花后结果，如图7-16所示为大型九里香盆景。

图7-16　大型九里香盆景

### 1. 材料选择

九里香树桩多从野外挖取。选择树干粗壮，干型优美，有造型价值的树桩。

### 2. 盆景造型

九里香树桩挖掘后采用因树势造型的手法，根据树桩的特点，经过截干、精心养坯，精心设计树型，反复加工造型，可制作出盘根错节、清新飘逸、苍劲古朴的九里香树桩盆景(图7-17)。

九里香树桩通过截干，截除多余树干，改变树干枝条的比例，使树干粗壮、枝条渐小。干枝每一段的大小、长短要符合整体要求的形状，不符合要求的枝干就必须截剪。截干后，树干萌芽长出枝条的部位，一般根据树干的弯曲而定，在弯曲外的部位上留枝，能使树势更有美感。

图 7-17　九里香树桩盆景

新长出而被留用的九里香枝条，长到符合大小比例后，再进行截干。从主干上长出的侧枝可以重新转化为主干，这样反复进行直到成型。枝条的排列是树干的下方比上方粗，枝条本身的比例是一节比一节小，一节比一节长。每节的弯曲角度可随人意，但要自然、流畅，有节奏感。枝条的侧枝通过修剪，可以加工成鹿角枝、鸡爪枝、回旋枝等。枝条根据需要还可以加工成跌技、飘枝、垂枝，同时还要有前后枝和必要的补枝。

**3. 盆景养护**

（1）光照　春秋两季应放光照充足通风的场所，炎热夏天要适当遮阴，冬季入室越冬，室温在 8℃左右为好。

（2）浇水　九里香喜湿润，在生长季节要使盆土保持湿润，但盆内又不可积水。夏季除向盆内浇水外，还应向地上洒水，使局部小气候有一定湿度。

（3）施肥　已成型的九里香盆景不可施肥太多，以免枝条徒长，破坏树形。在生长季节每 40 天左右施一次腐熟稀薄的有机液肥。冬季休眠不施肥。

## 六、佛肚竹盆景制作及养护

佛肚竹系禾本科竹亚科，木本常绿植物。佛肚竹终年青翠，株形优雅多姿，历经炎热寒雪而不凋，竹秆挺拔直立而腹空，具有坚强、虚心的美誉。自古以来文人墨客，把松、竹、梅誉为“岁寒三友”。著名诗人苏东坡诗云：“宁可食无肉，不可居无竹。无肉使人瘦，无竹使人俗”，如图 7-18 所示为佛肚竹盆景。

**1. 材料选择**

制作佛肚竹盆景的来源有两个。其一是在 5 月或 9 月，把有多个竹秆的佛肚竹在相连地下茎的较细处剪开，一盆佛肚竹可分成 2～3 个新植株。其二是到花市购买。不论是分株获得的佛肚竹，还是从花市购买的佛肚竹，在 5 月或 9 月移入较浅的紫砂盆或釉陶盆中养护几个月后，再上较浅的观赏盆造型。

图 7-18　佛肚竹盆景

**2. 盆景造型**

用佛肚竹制作盆景，多采用丛林式，以表现竹林的自然风韵，但也有用一株或两株佛肚竹来制作盆景的。如将两株佛肚竹栽于一个盆中，应一大一小、一粗一细、一高一低、一直一斜。直立株一般要高、大、粗，斜株一般应小、细、低，以前者为主，后者为辅。如两株大小相近，而且又都是直立的，这种盆景情趣较差。

制作丛林式佛肚竹盆景，根据盆钵大小，一般用 5、7、9 株合栽于一盆。以 5 株为例，根据植株大小，将其编为第 1～5 号，制作时，常以第 1、3、4 号为一组，作为盆景的主体；第 2、5 号为一组，作为盆景的客体，起衬托作用，两组之间并要留有适当的距离。

**3. 盆景养护**

(1) 光照　莳养佛肚竹盆景，春秋应放置光照充足，温暖湿润通风的场所。夏季炎热时应适当遮阴，如在养护场所上部加遮阴网，或把盆景放楼房北边早晚能见阳光的阳台上莳养。秋末冬初移入室内越冬，8℃左右为好。

(2) 浇水　佛肚竹喜湿润，尤其在生长季节盆土要保持湿润，但盆内又不可积水。在炎热的夏天，早晨浇透水，傍晚“找水”。除向盆内浇水外，还应向地上洒水。冬季少浇水，如叶面有尘土，要适当向叶面喷水，使叶片保持常青优美。

(3) 施肥　在生长季节，每月施一次腐熟稀薄的有机液肥，春秋各施一次“矾肥水”，使叶片更加翠绿。冬季不要施肥。

## 七、常春藤盆景制作及养护

常春藤系五加科常春藤属，常绿攀缘藤本，别名爬树藤、中华常春藤。常春藤枝细叶密，攀石或附木扶摇直上，四季常青，不论盆栽或制作盆景（图 7-19），千姿百态，惹人喜爱。因其耐阴性能好，是室内绿化陈设上乘佳材。

图 7-19　花叶常春藤盆景

**1. 材料选择**

若想制作常春藤盆景，最好选择二、三年生，长度在 45cm 左右的花叶常春藤的树苗，有一枝明显的主干。长势比较健壮，无病虫害。最好有几个杈枝，高低不齐便于造势。

**2. 盆景造型**

（1）悬垂式盆景　一般要培养 4～6 年，要根据立意构图，将枝叶进行整理修剪，悬垂式的枝条伸向盆的一侧，每年春季进行摘心促分枝，适当除去过细过密的枝条。每盆有 5～10 根枝条向下悬垂。小叶花叶的园艺品种特别适用于此种造型，一般用圆形紫砂盆或高签盆栽植（图 7-20）。

（2）独木式盆景　常春藤的枝条柔软一般很难直立生长，要造成独木式盆景费时费工，一般 7～8 年才能完成。一般选用六角或八角的直立紫砂盆，开始用 2～3 年生的苗木。栽在盆的左边，春季发芽后，待枝条长到 20～30cm 时进行摘心促分枝，在生长期间，不断进行摘心，留粗去弱，促使枝条加粗，并 2～3 年在春季进行翻盆一次，翻盆时要保护好枝叶和根系，保证枝叶茂盛生长和枝干的加粗。同时要控制枝条长度，使其不要长得太长。经过 2～3 次的翻盆，约 7～8 年后，主干逐渐加粗，根据立意构图将枝叶进行整理，使叶片有疏有密，疏密适当。

（3）附木盆景　选一个长 40～50cm 的长方形紫砂盆，再挑选一个高 60～70cm 形、姿、色较好的枯树桩，栽于盆的左侧靠后的位置，较长的枯树枝伸向盆的右侧。把 4～6 年生的常春藤栽在枯树桩的前面，将枝条缠绕在树桩的枝干上，精心养护，根据立意构图将枝叶适当修剪和整形，盆的右侧可设摆件，盆土上栽种苔藓或地被物（图 7-21）。

（4）附柱式盆景　加利那常春藤可制作附柱式盆景，选口径 25～35cm，高 30～40cm 的高签盆。盆中设 1.2～2.2m 高的棕柱，柱四周栽 3～4 株，将藤盘于柱上，每隔 20～30cm 用金属丝扎于柱上。

图 7-20　悬垂式常春藤盆景

图 7-21　附木式常春藤盆景

### 3. 盆景养护

（1）光照　常春藤喜温暖湿润的环境，春秋两季可放置阳光充足处，夏季天气炎热时要适当遮阴，可放置遮阴网下或放置大型盆景下部。如果一点阳光也见不到，节间变长，叶片变大而不美。秋末冬初要移入室内越冬，室温在6℃左右为好。

（2）浇水　平时保持盆土湿润，浇水要见干见湿，浇则浇透。在炎热夏季除向盆内浇水外，还应向场地洒水，但盆内不可积水。冬季要少浇水。

（3）施肥　在生长季节每月施一次腐熟稀薄有机液肥，炎热的夏季和寒冷的冬季不要施肥。

## 八、苏铁盆景制作及养护

苏铁别名铁树、凤尾铁、凤尾蕉、凤尾松、避火蕉、金代等，为苏铁科，苏铁属常绿棕榈状木本植物。苏铁的叶可分营养叶和鳞叶，营养叶大型，呈羽状，鳞叶短小，小叶微呈"V"字形生长，边缘叶向下反卷。植株雌雄异体，雄球花圆柱形，黄色，密被黄褐色的绒毛，直立在茎顶；雌球花呈扁球形，上部羽状分裂，其下部两侧生出2～4个胚球（图7-22）。

图7-22　苏铁盆景

### 1. 材料选择

苏铁通常以播种、分果、埋插等方法繁殖。播种法应于秋末随采随播，或砂藏至次年春季再播种。南方露地播种，苗床土宜用肥沃疏松、排水性好的砂质土壤，稀疏点播，覆以细土，在湿润高温的条件下，易于发芽。苗期要注意加强管理，浇水要适量，不宜过湿，过湿易发生根腐，培育2～3年即可移植。分蘖法从苏铁老植株根部割取萌生小蘖芽进行培养，如蘖芽不易发叶，可倒扣一花盆在上面，遮住光照，可促使发叶。待新叶发出后，除去覆盖花盆，搭棚遮阴，逐渐增加光照。在长江流域较寒冷地区培养苏铁，冬季应以稻草裹其茎干，加以保温措施，一般家庭培养在无温室条件下，应采取此法。

**2. 盆景造型**

苏铁制作盆景，其块状或圆柱状茎干无法进行加工造型，关键在于选择材料，以多头、茎干堰卧匍匐、纵横，自然体态奇特而古怪的材料装饰盆景为佳。也可选用大小、高矮不同的数个苏铁植株，巧妙布局在盆中，形成丛栽式盆景，也别具风味。其过密的大羽叶或影响美观的叶片，可适当进行修剪加工。苏铁盆景造型以倾斜或横卧为好，不宜单株直立栽植。用两株合栽一盆，应选用一大一小，一正一斜，互相取势进行配置。亦可多株丛植，应有主次、疏密的变化，这样才具有一定观赏效果，如图7-23所示为大型苏铁盆景。

图7-23　大型苏铁盆景

**3. 盆景养护**

(1) 光照　苏铁是肉质根系，喜温热，生长缓慢，喜弱光，稍耐烈日，有一定的耐荫蔽能力。

(2) 浇水　春夏生长期，盆内宜保持湿润，但也不可渍水。盛夏高温时，应常向叶面喷水，保持叶色鲜绿。冬季盆土宜适当偏干，如盆土偏湿，会导致烂根。

(3) 施肥　苏铁喜肥且耐肥，但不宜施用生肥或浓肥。生长旺盛季节，要常施追肥，以氮、钾肥为主，用腐熟饼肥水为佳。施肥要注意薄肥勤施，切忌过浓。为促进叶色深绿而有光泽，可在肥料中加适量的硫酸亚铁溶液。

【知识链接】

## “老来俏”的火棘盆景

火棘又名红果，为蔷薇科常绿小乔木，其叶呈倒卵状椭圆形，互生。枝梗有刺，花期在4～5月份，伞房花序，白色。果近圆形，红色，果熟期在10月份。

火棘主根长又粗，侧根稀少，移植宜在3月份，深挖带土球，免伤根系，并重剪强势枝。火棘性喜阳光，嗜肥较能耐旱、耐寒、耐阴，耐瘠薄，对土壤要求不高，中性、微酸性、湿润疏松的土壤能生长良好。

火棘的繁殖以播种、扦插为主。火棘萌芽力较强，耐修剪，枝叶茂密，春夏白花朵朵，入秋红果累累，挂果期较长，并可食用。火棘挂果随树龄增大而增多，故有“老来俏”之美称。如图7-24所示为挂果的火棘盆景。

图7-24　挂果的火棘盆景

## 九、文竹盆景制作及养护

文竹经过立意构图制成盆景（图7-25）陈设于阳台或室内，更显秀丽宁静，给生活增添不少乐趣。下面是文竹盆景的制作及养护方法。

### 1. 材料选择

选生长良好，高20cm左右的文竹1棵，高10cm左右的文竹2棵；不规则形汉白玉浅盆和其配套的几架，高10cm左右的山石若干，适量的培养土和青苔。

图 7-25　文竹盆景

**2. 盆景造型**

(1) 塔式　选 2～3 枝高而挺拔秀丽的茎干为主峰，摘去茎上各个生长点，定株高为 30～35cm。余下的枝干和新生的茎干不要高于主峰。对新生芽，可视其茎的粗细来决定是否摘去生长点。若其茎比主峰的茎粗，应摘去，若比主峰的茎细，则不必摘，任其生长。与此同时，还需利用物遮法和其本身的趋光性不断调整株形。

(2) 自然式　随意自然地把文竹栽植于盆中，以文竹自然生长的株形为主，仍采用摘去生长点，物遮和利用其趋光性等基本方法，使枝叶舒展，给人以自然的美感。由于文竹生长迅速，小巧秀丽的外形往往不能持久，因此必须加以整形，其方法如下。

① 盆控法　花盆大小与植株的高低比例应为 1∶3，这样可限制根系的生长，保持株形大小不变。

② 生长点　在新生芽长到 2～3cm 时，摘去生长点，可促进茎上再生分枝和生长叶片，并能控制其不长蔓，使枝叶平出，株形不断丰满。

③ 趋光性　适时转动花盆的方向，可以修正枝叶生长形状，保持株形不变。

④ 物遮法　用硬纸片压住枝叶或遮住阳光，使枝叶在生长时，碰到物体遮挡便弯曲生长，从而达到造型的目的。

**3. 盆景养护**

(1) 光照　文竹喜半阴环境，切忌强光。

(2) 浇水　文竹既不耐旱，也不耐水涝，原则是不干不浇，浇则浇透，但不积水。常向枝叶和花盆四周喷水，增加空气湿度。冬季应控制浇水。

(3) 施肥　文竹喜肥，春、秋季可半月左右施 1 次稀薄液肥，定根后控制施肥。夏、冬季一般停止施肥。1～2 年于早春发芽前翻盆换土。

(4) 冬季管理　文竹喜温暖，冬季放在朝南的窗台上，室温宜保持在 10℃左右。

【知识链接】

## 文竹为什么会发黄

在室内，尤其在书桌上摆放一盆文竹，不仅雅致，而且美观。那么，文竹为何容易发黄呢?

(1) 光照太强　文竹喜半阴、忌强光，夏季如将其放在阳光直射处，会造成枝叶枯黄。

(2) 水不当　文竹虽喜湿润，但却怕盆内积水，水多容易烂根，水少则叶尖易干枯。

(3) 养分不足　文竹喜爱肥沃土壤，如长期不换土加肥，养分供不应求，就会出现枝叶发黄的现象。

(4) 施肥不当　如果追肥浓度过浓或施用未腐熟完全的肥料，很容易造成肥害，而导致叶子干枯、脱落。

(5) 冬天管理不善　文竹喜爱温暖，冬天宜向阳，如果此时将它长期放在光线不足的地方，加上通风不良和寒冷，均易引起枝叶枯黄。

(6) 感染病虫害　文竹一旦感染蚧壳虫等害虫，也会造成枝叶枯黄。

# 第八章　设想新奇的另类盆景

微型盆景是当今盛行的盆景流派之一。微型盆景用盆小巧，构思精细，造型美观，生机盎然。异型盆景是指将植物种在特殊的器皿里，经过精心养护和造型加工制作而成的一种别有情趣的盆景。这两种小众但适用性广的盆景造型现为大多数家庭所喜爱。

## 第一节　玲珑别致的微型盆景

微型盆景着重于形态小巧，造型玲珑别致，更注重整体艺术美的内涵。每一组盆景的各种摆件需表现出各异的形态，并注意整体的布局。聚散有致，主题突出，最后达到制作者的艺术构思和审美情趣，这就是微型盆景艺术的生命力所在。

### 一、小巧玲珑的“掌上盆景”

微型盆景（图 8-1）又称为“掌上盆景”“指上盆景”，是指树（石）高 15　cm（从盆面到顶部）以下的树木或山水盆景。微型盆景以其小而美的风姿，近来深受欢迎。

微型盆景占用空间小，重量轻巧便于挪动，更适用于都市人的审美情趣，既可以独立观赏，也可以通过组合上架欣赏，可以在相互对比、映衬中品味不同的乐趣。微型盆景有以下特点。

#### 1. 树木类微型盆景的特点

树木类微型盆景（图 8-2）着重体现了树根、树干、树冠、枝叶、花果等的整体线条的构图美，体现了植物强烈的生活气息。树种一般选用节短、枝密、叶小、易活的树种。“意在笔先”或“视材立意”是在造型上要特别体现的。上盆、陈设还得注意“一树二盆三架”的观赏要求。盆的形状、大小、色泽要跟树体相配，几架要与树盆相配。同时，微型树木类盆景借助适当的摆件对景的设置起到画龙点睛的作用。

图 8-1　微型盆景

图 8-2　树木类微型盆景

**2. 山石类微型盆景的特点**

山石类微型盆景以石为主要造景物，采用移天接地的艺术表现手法，将自然界的山川、草木，人世间的亭台楼阁、小桥、车、舟集于咫尺之间，欣赏内容多，表现范围广。概括起来有如下几个特点。

(1) 山石虽小，气势不凡　一件精心设计的微型盆景，完全可以达到所谓“寸石现五岳，滴水漫江湖”的艺术境界。

(2) 制作材料易得，加工简便　微型山石盆景因其小巧，所用石料较大中型盆景容易取得，只要纹理细致、颜色相近即可选用。制作工具也大多为一般家庭所常用，如锤子、钉子、砂轮、黏结材料等。

（3）维护简便易行　微型山石盆景制作完成后，没有植物种植的硬石盆景基本不用维护，只要保持表面清洁即可，有条件的可将其置于玻璃罩内，软石制作的盆景如有植物点缀，只要不时往盆景内加点水就好了，易于为工作繁忙者接受。

（4）制作时所需作业面小　可在室内、阳台桌面上进行制作，这也是山石类微型盆景广受大众欢迎的一个很重要原因。

### 3. 水旱类微型盆景的特点

水旱类微型盆景（图 8-3）的特点是能完整地展现自然景观，有着浓厚的自然气息。如果在恰当的位置添加一些有趣的小配件，如安置一些人、物，能恰如其分地展现生活的自然情趣，如清溪垂钓、童子牧歌等。山石多采用硬质石料。树木选用矮壮、叶小、易成活的品种，如五针松、真柏、短叶罗汉松、六月雪、榔榆、虎刺等都是不错的选择。水旱类微型盆景的布局既可以体现植物主题，也可以突显山水的主题，但注意要协调一致。

图 8-3　水旱类微型盆景

## 二、微型盆景的摆件配置

微型盆景虽然小，但是也要求精致入微。小摆件的设置可以为微型盆景增添不少亮色。

### 1. 摆件在微型盆景中所起的作用

（1）对比烘托作用　以摆件点缀做对比，往往会使画面比例一目了然，既增添了画面层次，也强化了画面的纵深，达到小中见大的艺术效果，同时，在一个合适的地方按近大远小透视比例配上适当的摆件，意境会大不相同，加之有配件色彩相映衬，能感受到画龙点睛之妙趣。

（2）充实内容作用　有了桥可以供人行进，有了亭可以供人歇息，有了屋宇可以供人居住，有了船可以供人直达千里之外，它们增添了作品的生活气息。而通过人物的点缀如垂钓的老翁、牧牛的童子、浣纱的侍女等，更可以充实作品的内容，加深作品的含义。

（3）强化主题作用　通过摆件还可以反映出时代特征以及地域特点。配以古桥、古塔便古意十足，配以井架、铁塔、公路桥就有了现代气息；江南水乡可置小舟渔捕，塞外则可置骆驼、羊群等。另外，盆内配件还可以成为主题，人们常以配件为切入点进行作品命名，如江帆远影、寒江垂钓、牧羊曲、梦驼铃等。

### 2. 微型盆景摆件的选择

摆件主要指亭、台、楼、阁、桥、船、筏、人物（图8-4）、飞禽、走兽等的俗称，材质上有陶质、铅质、瓷质、木质、玻璃质、橡皮泥质等。在造型上主要考虑摆件的款式、内容、布放位置等。值得一提的是，很多精致的摆件可以单独摆放，以在更大的空间上与微型盆景相呼应。

图8-4　微型盆景人物摆件

### 3. 如何布置摆件

盆景的摆件也不是拿来随随便便就可以摆设的，要注意比例大小、透视关系、时代地域的背景及位置的恰当等，摆件可盆内摆放也可盆外摆放，并需注意以下几点。

（1）要比例适当，符合透视原理　摆设配件不仅要与主景的比例相协调，还要把握好近大远小、下大上小的透视原理。即便微型盆景前后距离有限，如摆件用得好也可以增强画面纵深感。

（2）要与主题相吻合，符合生活基本常识　如悬崖峭壁上点缀小亭以登高望远，岸畔水际设置水榭以谈天说地，溪涧上设小桥以寻仙访道，山脚处宜居人家，水湾处作渡口泊船等。

（3）要以少胜多，以简胜繁　配件放置需遵循宁缺毋滥的原则，要综合考量、仔细权衡，同时，还要注意藏与露、主与次、疏与密的对比关系，保持作品的严谨性。



## 三、微型盆景的陈设

盆景制作出来是为欣赏的，欣赏往往不仅仅面对的是自我，而是要面对家人、朋友及社会公众的评判，所谓独乐乐不如众乐乐，这就有了微型盆景是家居陈设还是展览陈设，是单独陈设还是组合陈设两个方面的问题。

### 1. 家居陈设和展览陈设

家居陈设为家居增添雅趣，微型盆景是最适宜家居陈设的盆景类型，这与城市居住环境有很大关系。就一般家庭而言，在原本有限的空间内布置大中型盆景显然是不现实的，小屋放大景，容易让人产生拥挤、局促、压抑的感觉。微型盆景陈设（图 8-5）就大不一样了，

图 8-5　微型盆景陈设

书桌上、电脑旁、几案上甚至墙上空白处都可以找到合适的空间，而通过小型博古架运用更可以令室内雅气陡升，净化空气与美化环境兼得。尤其待有朋来时，共品佳作，此乐何及。

展览陈设为公众带去清新，微型盆景品味独具。现在全国各地都有自己的盆景协会，这些协会经常会组织一些展览活动，微型盆景参展虽不及大中型盆景那么有气势，但在品味上却从没输过大中型盆景。在全国各地举办的多次盆景赏石展中，经常发现不少观众在微型盆景展位前流连忘返，从一个侧面也反映出公众对微型盆景的喜爱程度。盆景展览时的展品陈列讲究整体艺术效果，要高低起伏，前后错落，疏密有致，重点突出。

### 2. 单独陈设和组合陈设

至于微型盆景单独陈设还是组合陈设的问题，这要根据具体情况而定，单独陈设需要注意景、盆、架的协调与统一，不可太过随意。组合陈设则更要多费一些心力，在博古架上陈设的最好根据每件微型盆景各自所处的最佳位置，进行专门定制，个体与整体要相互呼应，不能各唱各戏。树桩微型盆景的陈设，也可以和观赏石、石湾人物等进行组合，用以弥补因盆小，在盆内布置拥挤的弊端。组合陈设拓展了盆景的深度与广度，平添了观赏趣味，值得

大力提倡。

另外需要注意的是：为了使盆景在短距离、小空间中达到较好的观赏效果，放置的高度以适于平视为宜，或略低于视平线（用几架调整）。如要给人以高耸入云的感觉，或悬崖式盆景，位置可适当提高。背景色彩宜简洁淡雅，并与盆景有所对比和烘托、搭配。盆景陈设要与环境协调，如中式古建筑厅堂中多对称陈放，格局整齐严谨；现代公共建筑和家庭中则应与室内装饰相配合，因地制宜。

## 四、树木类微型盆景的制作

树木类微型盆景是微型盆景家族中最重要的组成部分。它是在小型盆景的基础上发展起来的，其制作用材小、占地少，表现意境却同样苍劲古朴、范围阔大，不亚于中小型盆景所表现的情趣，且造型活泼多变。布置的随意性强，可置于窗间案头小空间，也可在博古架上群体组合。

### 1. 树木类微型盆景所用树材的品种选择

制作树木类微型盆景选择适宜的品种是很关键的，要选那些姿态优美、株矮、常绿、耐阴、叶形小巧，寿命长，耐修剪、耐蟠扎，生命力强、易于栽培造型的植物，即小巧而精妙者。

沈荫椿先生所著《微型盆栽艺术》一书中介绍了近七十种适宜做微型树木类盆景的材料。如松柏类有五针松、大坂松、黑松、罗汉松、金钱松（图 8-6）、白皮松、真柏、黄金柏、刺柏、珍珠地柏等；杂木观叶类有雀梅、红枫、榆、银杏、小叶冬青、虎刺、对节白蜡、小叶黄杨、清香木等；观花观果类有石榴、枸杞、六月雪、福建茶、火棘、小叶迎春、金雀等；藤蔓类有金银花、霹雳、扶芳藤、爬山虎、常青藤等。上述这些植物都可在不违背其生长习性的前提下，通过摘叶、摘心等方法，抑制其生长，并进行造型加工。在这种盆景的培育过程中，制作者可根据自己的意图加工成或盘根错节、或苍劲挺拔、或秀丽多姿的各种艺术造型。

树木类微型盆景所用材料既可以到花卉市场上购买，也可以通过嫁接、老枝扦插、压条、套植、分根、实生苗培育在温室沙床内繁殖获取。

### 2. 树木类超微型盆景的制作过程

（1）树木类微型盆景的品种选择　选宜小不宜大的植株。以矮小粗壮，高度 5～15cm，粗 1～3cm 左右的植株为佳。为求形态遒劲古朴，叶小常绿，耐阴，耐修剪，易蟠扎，生命力强健，易栽培，如松柏类的日本五针松、大阪松、黑松等。

（2）繁殖　树木微型盆景材料靠嫁接、老枝扦插、压条、套植、分根、实生苗培育、野小桩挖掘等方法繁殖。

（3）粗养树胚、以形定式　树木微型盆景素材一般要经过泥盆培养，勤施薄肥水，并根据素材分别确定造型形式，如枝干挺直的可以作为直干式或丛林式；枝干弯曲可以作为曲干式；根长且强劲有力的可作附石式或提根露爪式；枝干倾斜可以作为斜干式或悬崖式；枝干已有枯干的可作枯干式等。树木微型盆景造型一般通过修剪、蟠扎、摘心等技法并用来实现，如图 8-7 所示为微型盆景“奇干”。

图 8-6　金钱松微型盆景

图 8-7　微型盆景“奇干”

（4）换配精盆　素材经过泥盆养护成型后即换配精盆观赏。盆以精巧古朴为好，最好选江苏宜兴紫砂微型盆或江西景德镇精瓷盆。长形盆长度应为12～25cm，深度应为3～5cm，圆盆口径应为8～12cm，深度应为6～8cm左右最适宜。配盆应根据成型盆景的造型去选择。

【知识链接】

### 微型盆景的优势

如今，随着人们生活水平的提高，越来越多的家庭喜欢制作微型盆景来装饰自己的房屋。那么，微型盆景都有哪些优势呢？

（1）微型盆景体积小　能放置一盆大型盆景的空间，可以放置十多盆微型盆景。若利用博古架将微型盆景挂在墙壁上，则更节省空间。微型盆景分量轻，容易搬动。

（2）微型盆景成形时间短　培育一盆大型树木盆景，需要用几年甚至更长时间，并且不容易出效果。而微型盆景利用嫁接、扦插以及压条等方法，略经加工造型，一般2～3年即可成型观赏了。

（3）微型盆景制作成本较低　相对于大型盆景来说，微型盆景的价格十分便宜。

（4）易与家居、饰品协调　微型盆景与家里的小动物和小花瓶等小工艺品更易取得意境上的协调，使生活气息更浓。

## 五、山石类微型盆景的制作

山石类微型盆景（图8-8）主要以山石为主，通过锯截、雕凿、腐蚀、胶合、拼接等技术处理，在特别的盆中布景造景。盆中可贮水，间或缀以亭楼、舟桥、人物、动物等构件，还可常配以树木或小植物。经过艺术加工，创造出源于自然而高于自然的艺术品，使山河之美景浑然浓缩，再现于盆中。

下面我们介绍一下山石类微型盆景中的两类盆景——软石微型盆景与超微型山石盆景的制作过程。

图8-8　山石类微型盆景

### 1. 软石微型盆景制作过程

（1）工具准备　锯、凿、钳子、榔头、嵌板、笔刷等。

（2）材料准备　盆、石料（上水石、砂积石、火山泡沫、海浮石等）、水泥、沙子等。这些材料大都可以在花卉市场、商店中买到。

（3）构思设计　在盆景制作前，要做到胸有成竹，意在笔先，制作哪一种盆景造型（独立式、偏重式、开合式、散置式、重叠式），要事先确定好。根据构思，初步在沙盘中摆放出山体的形状。注意石头的高低、大小要与盆的大小比例相协调。

（4）加工石料　应本着先粗加工再细加工的原则进行。所谓粗加工，就是根据腹稿将软石用凿子敲打出大的轮廓，确定最基本的线条及形状。所谓细加工，就是在大的轮廓基础上，采用敲打、钢锯拉、雕刻等手段进行细部加工，令其产生类似自然山体的各种褶皱变化（皴皱法大体有面皱、线皱、点皱几种方法），最终完成纹理和比较奇特的造型。横皱表现山的沉稳，竖皱表现山的挺拔。如一块石头本身就具有天然造型及纹理则可直接通过锯截使用，不必进行上述操作，以免弄巧成拙。

（5）黏合胶接　先要调好水泥胶浆，注意胶浆的稀稠度。黏合时要注意，尽量使山石黏合处看不出断裂的痕迹，去除干净多余的胶体。

提示：因软石具有吸水性，对其只能横拼接，不能竖拼接，竖拼接会隔断上水路径，造成上部拼接部分吸不到水，还会造成上下颜色反差，需特别注意。

（6）保养　石体制作完成后，两三天后才会牢固，期间用要喷水养护，不要随便乱动。

微型山石盆景在一个盆内也可以同时有两座假山出现，一为主山，另一为客山。主山比较高大，客山比较低矮。

### 2. 超微型山石盆景制作

超微型盆景一般指的是盆长在3cm以下（最小盆长仅1cm）的山石盆景，是对微型山石盆景再度浓缩、提炼而成。所用山石尺寸微小，但一样可表现出“寸石现五岳，滴水瀛瑚”的意境。

超微型山石盆景制作需用空间很小，所以更适合于居室不太宽敞的盆景爱好者。制作超微型山石盆景所用的山石，宜取具天然造型、纹理细致的各种小块天然石料，或用软石料雕饰加工而成，山石之构图和布局与微型盆景相同。

盆中所用配件如亭、桥、船、塔、人物等摆件，因太过小巧，市场上很难买到，故多需要自制，材料可选用石料、竹、塑料、硬纸和有机玻璃等，比如，制作小帆船的船帆，即可用白色塑料刻出，带蓬船身可用深色石料或木料雕刻黏结而成。

超微型山石盆景用盆大多也需自制，既可用石料刻制，也可用白色有机玻璃热压成形，方法是首先加工好所要盆形大小一致的薄铝片做成模子（可圆形、椭圆形、长方形、扇形等），然后将薄铝片模子热压入有机玻璃（一般采用铁制夹板，带四个可旋紧的螺栓，在火上加热后旋紧螺母，铝片即被压入有机玻璃中），然后急速在水中冷却，冷却后将压入的模子倒出，然后锉出盆边，最后打磨抛光后，一件完美的微型盆景就完成了。

微型山石盆景多由小块精美山石（如孔雀石、风砺石等）经巧妙布局而来，有些可独立成景，或由两块以上石料组合成景，再加上一两只错落的白帆、亭台楼榭小桥，即可构成寓意深远的景色，便于操作，值得一试。当然，要完成看上去比较协调的组景，则需要创作者多花一些心力，但万变不离其宗，只要大胆尝试，相信一定会成功。

## 六、山水类微型盆景的制作

山水类微型盆景（图 8-9）是微型盆景的一种类型，盆多选用汉白玉、白色大理石等加工成的长方形或椭圆形浅盆。造型制作多用高远式，盆内放置山石不可多，但要有主峰、次峰以及配峰，可放置一个比例恰当的小点缀品，以衬托山石的高大。

山水类微型盆景适用于大型树木盆景的造型技法，比如蟠扎、修剪、提根等。对一般植株进行造型的最适宜时间是入冬后至第二年春天植株萌芽之前。

首先要确定造型方式，依据选出来的植株的特点和姿态确定微型盆景主干的形式，如大树形、临水式一般主干不加蟠扎；悬崖式则必须对主干蟠扎，以使主干弯曲成型。然后按照造型设计对植株进行具体的蟠扎造型。由于铅丝材料易得，操作简单，所以在实际操作中常常使用铅丝对主干蟠扎缠绕。主干形态确定后要对植株进行一次修剪，截短或去除多余的杂乱枝条。由于微型盆景所用植物均较矮小，所以造型时宜简不宜繁，弯曲一两个弯即可，枝条留 2～3 条为好。对根系较强健的植株，定植时还可以使根系裸露在盆面外，增加根的观赏。总之，微型盆景的造型宜简不宜繁，应运用写意的手法，注重其神态的表现。山水类微型盆景的制作过程如下。

图 8-9　山水类微型盆景

### 1. 盆的要求

盆的外形要活泼多变，制作要精巧细致，可采用汉白玉等细腻润滑材料。

### 2. 山石条件

制作微型盆景的石料，虽然体态小比较好找，但要觅到好石也不是件易事。因为要以精巧取胜，除了注意收集，更在于裁截的巧妙。有时一方大石仅有一点可取之处，将它锯下移入盆内就可成一景。当然取材不一定限于形，还可从纹理、色泽上吸取其他石种的长处，这样可丰富、拓宽材料来源，如便于劈剖造型者、细腻光滑者、小巧玲珑者等为理想材料。

### 3. 制作要求

制作微型盆景必须精致传神，景致的布局要少而精、恰到好处。由于盆小没有琐碎余地，因此要概括扼要、简洁精辟，虽小但不失艺术的完整性，越小越要有概括性，越要面面俱到。考虑到博古架群体布局的活泼生动，更要注意石色、石质、造型、起手（主峰在盆右的称右起手，主峰在盆左的称左起手）等各种变化。

### 4. 摆件

微型盆景中的摆件更要小巧精致、形神兼备，色彩要明快且古朴，融会于总体细巧之中。

### 5. 博古架

微型盆景必须在博古架中作群体展示才更精彩。博古架有各式造型，内部有多个分格，可根据格的大小设计、变化盆式和造型等，但都必须从总体协调考虑，每格内盆景既要有个性又要和整体博古架有共性，做到生动活泼、琳琅满目。博古架材料为各类红木、竹、有机材料、无光铝合金、玻璃等。摆放微型山水盆景时注意每格上面要配置合适的盆景，必要时可在每格空余处配上小摆设，增添博古架的空间变化。

## 七、微型盆景的养护管理

微型盆景的养护基本与一般盆景相同，但更要细心和耐心，特别是微型植物盆景，既要让其正常生长，包括花果类的开花结果，又不让它徒长破坏造型。同时，微型盆景盆小土少，水少易干枯，水多易涝；无肥生长不良，肥大容易“烧死”。所以，对微型盆景的养护比大、中型盆景要求更严，要更细心。没有一定的条件及充裕的时间，是养护不好微型盆景的。

微型盆景花木的耐寒、抗风以及抗病虫害的能力都不及普通盆栽花木。所以，在养护微型盆景时要特别注意。有时辛辛苦苦养植几年的微型树木盆景，可能就由于偶尔粗心大意，忘记管理，而导致部分枝叶死亡，甚至整株都会死亡。

若把微型盆景置于几架或挂于墙上，是十分节省地方的。微型盆景成形快，购买时价格便宜，而一盆大型树木盆景成形需要几年甚至几十年的时间，且价格昂贵。微型盆景只要利用嫁接、扦插、压条（图 8-10）等方法培养植株，或到野外挖取小树木，略经加工造型，养护管理，一般翌年即可成形，供上盆观赏。

### 1. 树种选择

应选择叶片小、茎干粗短、生命力强、上盆易成活、耐修剪、易蟠扎造型的植物。最好选叶形小，萌芽力强且较耐阴的树种，如小叶罗汉松、六月雪、四季石榴、金橘、樱花、梅花、海棠、紫薇、紫荆、栀子、兰花、常春藤、金银花、小凤尾竹、矮干文竹、苏铁、万年青等。

图 8-10　微型盆景的压条处理

**2. 上盆**

选定植株后，根据造型要求栽于合适的盆中。单干式造型中的直干和斜干，可选用浅长方形或腰圆形盆；曲干可用方形、多角形、菊花形或海棠式盆。半悬崖或全悬崖式宜用深筒形盆。微型盆景的盆较小，最好不用瓦片遮挡排水孔，以免占去过多的空间，而改用塑料窗纱盖住排水孔，再铺泥土。植株上盆后，用浸盆法供水，盆面要铺青苔，以保持盆土湿度，并可防止雨水或浇水时把土冲刷掉。刚上盆时，必须遮阴，或置于阴凉通风处。

**3. 浇水**

微型盆景最好用浸盆法灌水（图 8-11），自制小喷壶浇水也可以。浇水在春秋进行，每天早晚浇一次水；炎热的盛夏，需要经常浇水，一天数次，而且要经常对叶子浇水，以保持湿润的环境。冬季由于气温较低，一般两三日浇一次水即可，应视室内干燥程度来定。

**4. 施肥**

微型盆景的盆小土少，养分有限，须及时施肥，补充肥料。萌芽前施些稀液肥，生长旺盛期要及时施肥。观花、观果类植物要多施磷钾肥。除了施有机肥外，为保证花大、色艳、果多，开花后还要追施一两次稀薄液肥。对针叶类植物施一次有机肥就足够了。

**5. 造型**

造型适合在冬季至翌春萌芽前进行。造型时把植株从盆中磕出，剪去主根，留下侧根及须根，然后对枝条进行修剪、蟠扎。选用的植株都比较矮小，做 1～2 个弯就可以，留 2～3 枝枝条为好。注意枝叶不要太过繁茂，要疏密有致，层次分明，以展现其艺术造型。直干式要求干直挺拔，主干可蟠扎也可不蟠扎，必要时对影响造型的侧枝蟠扎或修剪。斜干式在上盆时就要将主干斜放栽植。悬崖式可用铅丝缠绕或棕丝结扎法造型。

图 8-11　浸盆法灌水

**6. 翻盆换土**

微型盆景生长环境狭小，为免影响盆景的正常生长，需要及时翻盆换土。一般针叶类微型盆景每隔 2～3 年换 1 次，杂木类一般 1～2 年换 1 次，要根据植株的长势强弱、盆土内根系的实际情况灵活掌握。

深秋和初春是翻盆换土最好的季节。翻盆前不再浇水，稍干的盆土便于脱盆，也因为植株细胞含水量少，膨压降低，在操作时不易折断枝叶及根系。盆土脱出后，用竹针轻轻理顺根系，剪除老根、死根、过长的根以及多余的根，促进盆景更好的生长。

## 第二节　不同样式的创新盆景

盆景除了常见的山水盆景、树桩盆景以及微型盆景等外，还有新奇的异形盆景。异型盆景就是指将植物种在特殊的器皿里，并精心养护和造型加工，制作成的一种别有情趣的盆景。

### 一、挂壁式盆景

挂壁盆景是一种有装饰性作用的新形式盆景，是将树木、山石用浮雕镶嵌的方法，布置、种植、胶合在平板上，并配有摆件、落款压章的浮雕式壁画。

挂壁式盆景可分为三种类型：挂壁式山水盆景、挂壁式树木盆景与挂壁式花草盆景。

**1. 挂壁式山水盆景**

（1）立意　挂壁式山水盆景（图 8-12）在造型方法上相同于一般的山水盆景，常常利用平远式的表现方法。有近山、有远山，山上还可以种植小植物作为点缀。在制作之前要根据所要表现的主题思想，构思山石的布局、草木的栽种、配件的点缀、题名、落款以及印章等在盆面的位置。

图 8-12　挂壁式山水盆景

（2）材料的选择与准备

① 背景。挂壁山水式盆景通常选用汉白玉、大理石浅盆或者已抛光的石板作为背景，大理石浅盆或石板上，如果有天然抽象的山水纹理就更理想了。也可以选用三合板或金属薄板，上边涂上湖蓝色的漆模仿天空和湖水。常用的样式有长方形、圆形、椭圆形、扇面形等。制作时要根据实际情况选择样式大小合适的背景。

制作前先在选好的盆背面用钨钢钻打洞，注意不要将盆或石板穿通，洞口要小，里面要略大一些，用粗细适宜的铜丝制成大小合适的挂钩并将其用万能胶调和 400 号以上高标号水泥固定于洞内，以便制作完毕之后可以把盆钵挂在墙上。

② 石料。可以选用斧劈石、英德石以及石笋石等硬质石料，也可选用便于雕凿的砂积石、海母石等软质石料。为考虑之后需在山石上栽种草木，山石上最好有孔洞和裂隙。由于硬质石料加工难度较大，所以在选材时除需考虑山石大小、色泽以及厚薄之外，山石上有自然洞孔、缝隙以及凹坑最佳。

挂壁式山水盆景的山峰背面要粘贴在盆面上，为了减轻重量，使粘贴更牢固，需将石料加工成薄片。加工时只加工正面，背面切为平面即可。



③ 其他材料。根据立意准备好石上栽种的小植物、点染的青苔以及大小适合的亭、塔、风帆等配件。

（3）布局制作　在布局时，挂壁式山水盆景要遵循近山大、远山小；近山清晰，远山模糊的透视原则。用作近山的山石分量要大于远山，山石上宜有清晰的纹理；而用作远山的山石则不需要纹理清晰，颜色要淡一些，山石也要适当薄一些。远山的形状要低矮逶迤，下沿水平。近山的山石上，要预留洞穴，栽种小植物，植物大小同山峰的高度比例要协调，可以在山石缝隙或凹隙处点缀青苔，起到绿化山石的作用。

胶合山石的水泥色泽应与山石相同。若不同，则可以在调和水泥时加入和山石色泽相同的颜料，也可以在水泥的表面上撒与山石材料一样的石粉。粘贴山石前要用砂纸把盆面粘贴位置打磨几次，再用布将打磨下来的石粉擦干净，这样可以增加山石和盆面结合的牢固度。

(4) 落款、题名、加盖印章　山石粘贴完毕后，要根据构思在盆面适当的位置落款、题名以及加盖印章。若盆面上的小船粘贴有困难，则也可在盆面适当部位绘上几只小船，注意小船也要遵循近大远小的透视关系。

**2. 挂壁式树木盆景**

(1) 立意　挂壁式树木盆景着重表现树木的优美形态，因此在制作之前要仔细思考立意构图。

(2) 材料的选择与准备　挂壁式树木盆景通常选用白色的石板作为背景，如同在白纸上作画一样，可以将树木形态衬托得形真神活。石板的背面也要事先做出挂钩。

树木材料要选择生长缓慢、枝密叶小、适应性强、树姿优美并具有一定耐阴力的树种，如松柏类、榔榆（图 8-13）等。

图 8-13　榔榆盆景

(3) 制作　挂壁式树木盆景的布局方法是在石板的适当位置处打洞，然后在石板背面洞孔下方粘贴半个素烧盆或者其他容器，树木脱土后，将根系由洞孔穿入，栽入容器中。栽好之后，只见正面树木的优美姿态而不见盆器裸露，好似一幅清雅的写意画。

(4) 落款、题名、加盖印章　挂壁式树木盆景也要根据立意主题落款、题名以及加盖印章。这个工作一般在树木栽种之前进行。

无论是挂壁式山水盆景还是挂壁式树木盆景，养护和管理都要更精细。要注意浇水时经常用喷雾器喷洒植物表面。

**3. 挂壁式花草盆景**

(1) 立意构思　挂壁式花草盆景（图 8-14）在立意构思上应突出体现花草，还应使花草与框架协调，体现整体美。

图 8-14　挂壁式花草盆景

（2）素材收集　根据立意构思收集所需素材，包括背景框架素材与花草素材。

（3）制作步骤　制作木质外框，喷漆晾干备用。在框上粘贴、镶嵌打磨好的石料背景板。在背景板上布局并粘贴打磨造好型的配石（配石上选择合适部位，也就是栽种花草处应事先打好洞穴）。在石料上的洞穴处栽种花草。

## 二、立屏式盆景

立屏式（立式）盆景也称竖屏式盆景，通常选用大理石浅口盆或大理石板作背景，也有选用白水泥或者塑料等其他材料浅口盘作背景的。把背景盘竖起来放在特制的几架上，然后在盆面上粘贴山石，栽种草木，成为一件独特的具有生命力的立屏式盆景艺术。立屏式盆景对几架的要求很严，不但要求与景物比例协调，而且要款式优美，还能使景物立得稳固。立屏式盆景有立屏式树木盆景与立屏式山水盆景两种类型。

**1. 立屏式树木盆景**

①挑选样式大小合适的背景盆，已经成型的盆景树木，合适的几架等材料。

②根据立意构图，在浅口大理石盆的合适位置打一个洞，目的是为了栽种树木。再挑选一个大小合适的瓦盆，从中间将瓦盆锯开，粘贴到大理石盆背面孔洞的下方。

③把已经准备好的成型树木盆景根部穿过大理石盆上的孔洞，并栽种到大理石盆背面的瓦盆中。

④在盆面上结合树木粘贴几块山石，注意树木山石要结合的自然且无人工痕迹。在盆面空白处适当部位题名、落款以及加盖印章。

⑤将制作好的盆景，放置在挑选的几架上，作品就可陈设欣赏。

**2. 立屏式山水盆景**

①挑选样式大小合适的背景盆。根据背景盆的大小，选择样式大小合适的几架。为了使背景盆立得稳定牢固，要对几架进行一些处理。可以在几架上面适当靠前的位置上凿一个长条形沟槽，宽窄长短以能将大理石盆立起放入为准，深度不要过深，能使盆景盆立牢即可。然后在沟槽后固定支撑物，支撑物的高度不要比背景盆高，以免影响正面的观看效果。如图8-15 所示为立屏式山水盆景。

图 8-15　立屏式山水盆景

②挑选石料。若用软质石料，则只要石的种类好，有一定姿态颜色即可；若用硬质山石，应选用纹理美观，具有凹凸或孔洞的山石。石上有孔洞就更好。

③根据立意构图粘贴山石近景景观。在盆面适当位置用黑色油漆绘出远景山峦及舟船。

④在山石的孔洞或者凹陷处栽种小草木，点染青苔。

⑤落款、题名以及加盖印章。将大理石盆立起，放在几架上，即可陈设欣赏。

## 三、假山丛林式盆景

假山丛林式盆景（图 8-16）有峰岭丛林式、丘陵丛林式和峭壁丛林式等。

图 8-16　假山丛林式盆景

**1. 峰岭丛林式**

（1）形态特征　底座块状，根至座下，不显盆面，凹凸瘤疤，凹如山谷，凸如山峰，重峦叠嶂，峰岭树列，树中有树，层林竞起，气势非凡。

（2）造型要点　总体上要树小山大，中远景造型，采用中国画高远透视原理与盆景自身特点相结合的方法设置树木。树一般置峰岭凸起处，该点的树为全景的聚焦处，其余依此类推，大小高低穿插布设，树相挺立，枝片平展，纵向为主，横向为辅，无需过分强调枝托粗壮。整体观看峰峦连绵起伏，层林高低错落，气势壮观。

（3）配盆　宜配浅长方盆或浅椭圆盆，也可置水旱盆中，树置盆中，总体后移，再根据山势，于左侧或右侧定位。

（4）注意事项　树不宜过于高大，树大山小，难显山之高耸，若桩坯原干过于粗大，宁可忍痛割爱，重新培植小树，以求整体效果，否则难以协调。

**2. 丘陵丛林式**

（1）形态特征　树中有树，底座块状，布满疙瘩洞孔，平缓起伏，形似丘陵地貌，视野开阔，丛树挺立，遥相呼应，似林海茫茫，一派生机。

（2）造型要点　统揽全局，精心安排，中远景造型，除把握一般丛林特点外，还要留心地貌的高低起伏。一般来讲，制高点置主树，次高点置丛树，以此类推，设置配树；树相挺秀，枝片横展略垂，树干一般为直干或穿插少许斜干，高低错落，扬纵抑横，总体向上；树丛大组、小组各有其所，力求疏密有致，层次分明。

(3) 配盆　宜配浅长方盆或浅椭圆盆，也可用水旱盆，树置盆后侧，尽可能多留盆前侧的空间，使视野更加开阔。

(4) 注意事项　树干总体形态要一致，如果穿插曲干，将与直干不协调；若不分重点，树满山坡，太散则无异于绿化造林，而不是造景。

**3. 峭壁丛林式**

(1) 形态特征　树身主要部分已腐蚀，如峭壁悬崖，外廓皮层舒卷，大小两崖，对峙高低，三株小树，两高一低，挺秀共荣。

(2) 造型要点　两树置崖顶突起部右侧，间隔不宜太开，使重心平衡；两树主次分明，低崖置一小树，上下大小遥相呼应，层次分明；树的数量多少无碍，关键在于高低大小错落、前后穿插的布设；干身挺立，叶片横展，共同向上。

(3) 配盆　宜配浅椭圆盆或长方盆，水旱盆亦可，树置盆的左侧。

(4) 注意事项　树宜细小，不宜粗大；小树不宜设置太规整，以免显得呆板，缺少变化。

## 四、过桥式盆景

过桥式盆景有单树过桥式、双树过桥式和丛林过桥式等。

**1. 单树过桥式**

(1) 形态特征　坯桩中部高，两端低，扎根盆土，弯曲成弓状，横跨两岸，形如拱桥，“桥”下小树横斜，一枝独秀，伸向“桥”面，野趣盎然，似乎给荒芜的郊野带来了春的气息（图 8-17）。

图 8-17　单树过桥式盆景

(2) 造型要点　过桥式盆景坯桩的树桥侧斜出枝，从而培枝为干，以纵（树干）破横

（拱桥）；而后定底托临水枝，第二托左上扬枝及右侧高飘枝；临水枝的飘拂与上扬枝、高飘枝一上一下、一左一右，形成对比，随风摇曳；全树有密有疏，打破树枝左右均衡的常规，虚实相生，求得变化，脉络清晰，枝条舒展自如。树桥下盆土左右而置，盆中央留出水面，岸边水线弯曲迂回。

（3）配盆　宜配水旱盆、浅长方盆或浅椭圆盆，树置盆的后侧。

（4）注意事项　桥下临水枝不宜太密，否则将堵塞空间，给人过于拥塞、不透气的感觉。

### 2. 双树过桥式

（1）形态特征　树桩形如拱桥，左右两侧各置一树，一高一低，一粗一细；主树高耸挺立，枝片疏朗，右侧枝跌向“桥”面；从树细小，婀娜斜立，内倾相拥，接应主树跌飘枝，两树顾盼呼应，拱桥相迎。

（2）造型要点　主树右侧斜跌飘枝为全树之首，高位定托，重点塑造，飘拂而下，与右侧从树相接；主树飘枝下以点枝补空，从树顶梢扬起。总体上，以水为中心，以桥为媒介，突出两树，枝托疏简，婀娜清秀。

（3）配盆　宜配水旱盆定植，树置盆右侧，桥下留出水面，用小石点缀，更富有小桥流水的韵味。

（4）注意事项　枝杈不宜粗短，且忌团状，要设点枝破三角形，否则感觉空泛，缺少变化。

### 3. 丛林过桥式

（1）形态特征　有苍古与清新两种格调。前者类似荒古溪涧，树木经常年山洪急流的冲刷荡涤，虽横卧溪上，根却深扎于地面，而另一头则依土生根，使树干上萌出新芽，逐渐长成丛树，枝干盘曲遒劲，富有荒古野趣；后者桩树弯曲横跨两岸，桥上树木分设左右两组，近大远小，大小穿插，相拥水面，清风徐来，摇曳起舞，清新自然，一片江南景色（图 8-18）。

图 8-18　丛林过桥式盆景

（2）造型要点　清新型的主树直立，次树向右斜行穿插，在求得变化的同时趋向水面；左侧两树近大远小；右侧小树均弓身向中聚拢；根据丛树造型原理定托以求向背。整体造型为内聚外展、疏密有致、飘逸洒脱、自然清新。

苍古型的树干斜行盘曲、奇特、苍劲；组合排列，参差错落，斜偃仰卧，虽各具其态，但主次分明，总体趋势斜行，枝条曲直有序、走势自如、爪形鹿角交替并用，单树能成景，成林更相趣。

(3) 配盆　宜配水旱盆或浅长方盆、椭圆盆，树基本置盆后侧。

(4) 注意事项　枝条不可僵直呆板，否则便无清新、动感与野趣了。

## 五、腐干式盆景

腐干式盆景（图 8-19）有洞穴式和斧劈式两种。

图 8-19　腐干式盆景

### 1. 洞穴式

(1) 形态特征　隆出的头茎部木质部已部分腐空，留下皮层，形成洞穴，展示树木年代久远，老态龙钟，给人以历经沧桑之感。

(2) 造型要点　根据主干走向，结合根盘，尽可能将洞穴作为最佳观赏面。对洞穴边缘太规整的轮廓进行加工，使洞穴的外廓及其造型均有曲线变化。枝托根据主干走势布设，主干底托上扬，跌枝向下飘斜，形成对比。下跌枝又与主干尾端一上一下形成抗力，增加力度，并设置第二托破其上下枝干形成的直线缺陷。整体上，要把握枝条、枝形粗短遒劲，才能与洞穴的苍老相匹配，洞穴外廓可根据意象进行加工。

(3) 配盆　宜配浅椭圆盆或圆盆。

(4) 注意事项　枝节宁短勿长，且忌平直。洞穴加工不得太规整、太圆弧，以免显得不自然。

**2. 斧劈式**

（1）形态特征　从隆基至树身木质部大面积枯朽，木骨坚实、峰状，如同斧劈呈舍利干状态，边缘树皮残卷，线条奇曲，树相风采铮铮、慷慨悲凉，体现不屈不挠的抗争精神。

（2）造型要点　以疏为佳，以简为行。主干飘枝大幅度跌落，高处出枝，斜出上扬，尾端曲节向上，散点结顶；其间横出短枝以破平直，求得变化。总体造型无需翠盖如云，而是寥寥数枝、树相萧疏、绿叶点点，表现为枯中求荣，顽强屹立。

（3）配盆　宜配浅圆盆

（4）注意事项　不宜枝繁叶茂、头重脚轻，使得干、枝造型不相协调，也有违构思意象。

## 六、枯朽式盆景

枯朽式盆景（图8-20）作为树木盆景的一种造型形式，在实践中可以有枯梢式、枯枝式和枯干式（舍利干）等。

图8-20　枯朽式盆景

**1. 枯梢式**

（1）形态特征　双树相携，枝繁叶茂，虽冠部枯梢，但仍战霜斗雪，傲然挺立。

（2）造型要点　树干挺立，枝托下垂，带有曾经风雪荡涤之意。树梢收尖部分的枯干要自然，采用剥皮削尖或截折撕裂等手法，加工成自然枯朽的形态，待木质部水分蒸发后，涂抹石硫合剂防止腐烂，干后呈灰白色，可增加自然美，虽为人作，宛若天成。

（3）配盆　宜配浅圆盆。

（4）注意事项　枯梢制作应自然，避免人工痕迹。枝托不宜上扬，否则会使树势力度减弱。

**2. 枯枝式**

(1) 形态特征　枝繁叶茂、树影婆娑，翠盖中伸出一枯枝，表现出虽死犹荣的情韵。

(2) 造型要点　留住枝条主、次脉进行剥皮加工，僵直的枝杈不宜制作枯枝，以免有失美观且不自然。

(3) 配盆　用浅椭圆盆或长方盆均可。

(4) 注意事项　若遇枝托养护不慎，枯萎死亡，或遇桩坯嫁托枯枝及不宜制作枝托的枝杈，不必急于截除，可根据造型立意，反复斟酌，制作枯枝，化腐朽为神奇。

**3. 枯干式（舍利干）**

(1) 形态特征　树身大面积骨化硬质，呈灰白色，线条走向与树的水线纹理并趋，弯曲扭转，飘斜延伸。中尾部翠盖如云，与舍利干相互辉映、枯荣相照，表现出一种净洁、脱俗的精神境界。

(2) 造型要点　注重桩坯本身的枯干及其纹理走向，辅以技术加工与水线的处理。一般要求在观赏面能看到水线（保持树木存活的皮层带）并延续到根部，水线要求弯曲变化，顺木质肌理行走。水线宽窄要根据树的大小粗细，结合造型意象及视觉审美而定。

(3) 配盆　根据树的形态而定，一般宜配中圆盆。

(4) 注意事项　枯干纹理加工与水线流向应二者合一，切忌横跨切割；水线应沿树干纹理走向绕道而行，才能使线条流畅。

# 参 考 文 献

[1] 曹明君. 树桩盆景实用技艺手册. 北京:中国林业出版社,2003.
[2] 农业部农民科技教育培训中心,中央农业广播电视学校. 盆景制作实用技术. 北京:中国农业大学出版社,2007.
[3] 余东生. 盆景制作与养护小经验小窍门. 福州:福建科技出版社,2008.
[4] 马文其. 小型盆景制作与赏析. 北京:金盾出版社,2008.
[5] 马文其. 图说树石盆景制作与欣赏. 北京:金盾出版社,2008.
[6] 邵奉公. 盆景制作入门. 北京:中国三峡出版社,2008.
[7] 马文其. 盆景养护手册. 北京:中国林业出版社,2009.
[8] 曹明君. 树桩盆景技艺图说. 北京:中国林业出版社,2010.
[9] 顾永华,丁昕. 图解盆景制作与养护. 北京:化学工业出版社,2010.
[10] 管涤凡. 盆景制作入门宝典. 上海:上海科学技术文献出版社,2010.
[11] 林国承. 野趣盆栽. 福州:福建科技出版社,2011.
[12] 吴诗华,汪传龙. 树木盆景制作技法. 合肥:安徽科学技术出版社. 2011.
[13] 马文其. 盆景制作与养护. 北京:金盾出版社,2012.
[14] 黄翔. 图解树木盆景制作与养护. 福州:福建科技出版社. 2013.
[15] 曾宪烨,马文其. 盆景造型技艺图解. 北京:中国林业出版社. 2013.